蜜蜂饲养技术图册

阚云超 张罂楠 朱 永 秦汉荣 王 凯 郭爱玲 编著

U0293484

河南科学技术出版社
·郑州·

图书在版编目（CIP）数据

蜜蜂饲养技术图册 / 阚云超等编著 . -- 郑州 : 河南科学技术出版社 , 2025.1. -- ISBN 978-7-5725-1791-4

Ⅰ . S894.1-64

中国国家版本馆 CIP 数据核字第 20246TN869 号

出版发行：河南科学技术出版社

地址：郑州市郑东新区祥盛街 27 号　　邮编：450016

电话：（0371）65737028　65788613

网址：www.hnstp.cn

出 版 人：乔　辉

策划编辑：陈淑芹

责任编辑：陈淑芹

责任校对：刘逸群　尹凤娟

整体设计：张　伟

责任印制：徐海东

印　　刷：河南华彩实业有限公司

经　　销：全国新华书店

开　　本：720mm×1 020mm　1/16　**印张**：13.5　**字数**：255 千字

版　　次：2025 年 1 月第 1 版　2025 年 1 月第 1 次印刷

定　　价：55.00 元

前言

　　根据现代农业产业发展需求，为使养蜂变得易学、好用和优质、高效，受出版社委托，我们总结经验，参考国内外先进技术，编写了这本《蜜蜂饲养技术图册》。

　　我们围绕选一个好场地、建一座蜂别墅、养一只好蜂王、造一箱新巢脾、留一箱大蜜脾、酿一箱成熟蜜等技术节点，规范、高效管理，减工作负担，养健康蜜蜂，产优质蜂蜜。秉承蜜蜂越养越简单、越好养、越健康、越高产、越优质的理念，力求措施典型，表述准确、简明，操作便捷，技术系统配套，精选500多幅插图，客观真实，一目了然。本书能帮助初养蜂者迅速掌握养蜂的技术节点，让专业养蜂者理解养好蜂的前因后果，从而轻松养蜂，快乐养蜂。

　　本书由河南科技学院、北京大学、河南省种业发展中心、广西壮族自治区养蜂指导站和中国农业科学院蜜蜂研究所等单位编写，参考了近年来在养蜂一线工作者的技术成果，在此感谢所有给本书提供宝贵经验的广大读者、给予支持的领导和编审，以及参考过的有关资料和被引用的国内外同行专家精彩图片的作者。

限于作者的阅历和水平，书中若有不足之处，恳请大家批评指正，以便今后修改、增删，使之更加完善，成为所有养蜂者、爱好者的好帮手。

编者著

2024 年 6 月 15 日

目录

目 录

目　录

第八章
中蜂蜂群管理 /156

第九章
蜜蜂病害防治 /183

第一章
有趣的蜜蜂

第一节　蜜蜂的生存要素

一、蜜蜂

蜜蜂是采蜜酿蜜的社会性昆虫，也是人类饲养的小型经济动物，它们以群（箱、桶、笼、窝）为单位过着集体生活。

饲养蜜蜂，可用于生产蜂蜜、蜂蜡等产品，也用于农作物授粉，以增加农作物产量、提高农作物品质（图1-1）。

图1-1　蜜蜂传粉，植物结实
（安建东 摄）

二、蜂群

蜂群是蜜蜂自然生活的基本单位。一个蜂群通常由一只蜂王、数百只雄蜂和数千只至数万只工蜂组成（图1-2，表1-1）。

蜂王　　　　　工蜂　　　　　雄蜂

图1-2　蜜蜂的一家

表1-1　一群蜂中的三型蜜蜂

蜂类型		职能	关系	备注
雌	蜂王	产卵、种性载体、领导	蜂王，一群之母，工蜂和雄蜂都是其儿女；工蜂之间，有同父母亲姐妹，有异父母表姊妹；雄蜂之间皆兄弟	产卵
	工蜂	劳动		一般不会产卵
雄	雄蜂	交配、种性载体、平衡		繁殖期存在

三、蜂巢

蜜蜂的巢穴简称蜂巢，是蜜蜂繁衍生息、贮藏食粮的场所，由工蜂泌蜡筑造的一片或多片与地面垂直、间隔并列的巢脾构成（图1-3），巢脾上布满巢房。

蜂巢是蜜蜂生命的载体，是蜜蜂生命的一部分。蜂巢越新、越大，一般表示蜂群越健康、强壮，生命力越旺盛。

（一）蜂巢的特点

1.野生蜂巢　野生的东方蜜蜂和西方蜜蜂常在树洞、岩洞等黑暗的地方建筑巢穴（图1-4），通常由10余片互相平行、垂直地面、彼此保持一定距离的巢脾组成，巢脾两面布满正六边形的巢房，每一片巢脾的上缘都附着在洞穴的顶部，蜂巢的形状一般呈半椭圆球形。

蜂巢中下部用来培育蜂儿，外层用来贮存饲料（图1-5），这样有利于保持育儿区恒定的温度和湿度，也便于取食物。

2.人工蜂巢　饲养的东方蜜蜂和西方蜜蜂，生活在人们特制的蜂箱内，巢脾建筑在活动的巢框里，既适合蜜蜂的生活习性，又适应养蜂的生产和管理操作（图1-6，图1-7）。

图1-3　蜂巢
（引自 David L.Green）

图1-4　野生中蜂蜂巢
（易之南 摄）

图1-5　小蜜蜂蜂巢（示：蜂房位置）
1.工蜂房　2.雄蜂房　3.花粉房　4.贮蜜房

图1-6　人工蜂巢——蜂箱

图1-7　巢脾

（二）蜂巢的更新

1.**蜜蜂筑巢**　一般由12~18日龄的工蜂吸食蜂蜜，然后经蜡腺转化成蜡液，在蜡镜上形成蜡鳞（片）（图1-8），蜜蜂用蜡鳞有规律地砌成巢房。工蜂巢房和雄蜂巢房呈正六棱柱体，朝房口向上倾斜9~14度；房底由3个菱形面组成，3个菱形面分别是反面相邻3个巢房底的1/3；房壁是同一面相邻巢房的公用面。由巢房形成巢脾，再由巢脾组成半球形蜂巢（自然状态）。层层叠叠的巢房，每一排房孔都在同一条直线上，规格如一，不仅看起来洁白、美观，而且这样的结构能最有效地利用空间、最省材料、更坚固（图1-9）。

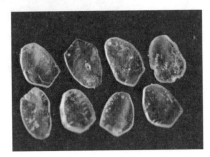

图1-8　蜡鳞

图1-9　新脾巢房

自然蜂巢，是从顶端附着物部位开始建造，然后向下延伸；人工蜂巢，蜜蜂密集在人工巢础上造脾。

2.**巢新蜂旺**　新脾巢房色泽鲜艳、房壁薄、容积大，培育的工蜂个大，力大，采蜜多，且不易滋生病虫害。旧脾巢房颜色较深、房壁厚、容积小（图1-10），培育的蜜蜂个小，力小，采蜜少，也容易

图1-10　旧脾巢房

招来病菌、滋生巢虫。因此，意蜂巢脾2年更换1次，中蜂巢脾则年年更换。

寒冷天气，装满花粉的褐色巢脾导热系数为1.4，这有助于蜜蜂冬季保温、早春繁殖。

四、蜜蜂的食物

蜜蜂专以花蜜和花粉为食，它们来源于蜜粉源植物。另外，蜂乳（蜂王浆）是小幼虫和蜂王的食物，水是生命活动的物质，西方蜜蜂还采集蜂胶来抑制微生物。

任何时候，只有吃饱喝好蜜蜂才会健康，工蜂才会卖力干活。充足优质的食物是养好蜜蜂的基本条件。蜜蜂如果食物不足，在冬季会饿死，在繁殖期会造成蜂子发育不良，出生的蜜蜂不健康，严重者在其发育期死亡。有时候，虽然蜂巢内的蜜、粉充足，但由于蜂少子多，或由于蜂巢温度过高造成蜜蜂离脾，从而使蜂子得不到足够的蜂乳等食物，也会造成营养缺乏。

（一）糖类化合物

1.**蜂蜜**　由工蜂采集花蜜并经过酿造而来（图1-11），为蜜蜂的生命活动提供能量。

蜂蜜中含有180余种物质，其主要成分是果糖和葡萄糖，占总成分的64%~79%；其次是水分，含量在20%左右；另外还有蔗糖、蛋白质和氨基酸、维生素、矿物质、酸类、酶类和黄酮类化合物等（图1-12）。

图1-11　蜂蜜

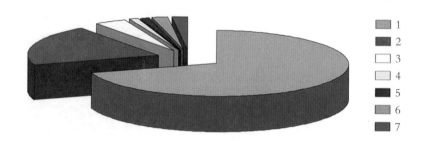

图1-12　蜂蜜的成分
1.果糖和葡萄糖　2.水分　3.蔗糖　4.蛋白质和氨基酸
5.糊精　6.其他糖类　7.维生素、矿物质、酸类、酶类和黄酮类化合物等

2.**白糖** 来自甘蔗和甜菜，固体，主要成分为蔗糖，分白砂糖和绵白糖两种，养蜂上常用的是一级白砂糖。在没有蜜源开花的季节，常作为蜂蜜的替代饲料。

（二）蛋白质食物

1.**蜂粮** 由工蜂采集花粉并经过加工形成（图1-13），为蜜蜂生长发育提供蛋白质。

花粉是蜜蜂食物中蛋白质、脂肪、维生素、矿物质的主要来源，为蜜蜂生长发育的必需品。花粉中的成分见图1-14。

图 1-13 蜂粮

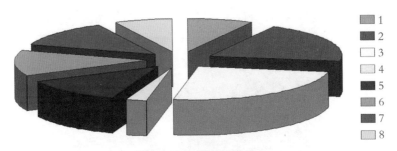

图 1-14 花粉的成分
1. 水 8%　2. 蛋白质和氨基酸 25%　3. 糖类 22.5%　4. 矿物质 2.5%
5. 脂类 12.5%　6. 木质素 12%　7. 活性物质 7.5%　8. 未明物质 10%

2.**蜂王浆** 由工蜂的王浆腺和上颚腺分泌，为蜂王的食物（图1-15）以及蜜蜂小幼虫的乳汁（图1-16），通称蜂王浆，其主要成分是蛋白质和水（图1-17）。

3.**大豆粉** 将大豆炒熟、粉碎并过筛，与蜂花粉混合喂蜂。王浆、蜂蛹生产季节可用。

图 1-15 蜂王浆
（引自《蜜蜂挂图》）

图 1-16 工蜂浆——蜂乳

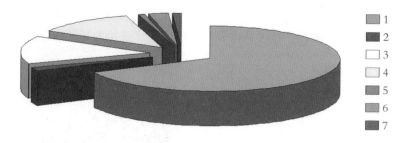

图 1-17　蜂王浆的成分
1. 水分　2. 癸烯酸　3. 蛋白质　4. 糖类　5. 灰分　6. 不明物质　7. 微量物质

（三）其他物质

1. 水分　由工蜂从外界采集获得（图 1-18），在蜜蜂活动时期，一般一群蜂每日需水量约 200 克，一个强群蜂日采水量可达 400 克。没有水，蜜蜂就不能生存繁殖，同时蜜蜂如果饮用了污水就会生病，因此有干净的水源供蜜蜂饮用非常重要。

图 1-18　饮水

2. 蜂胶　是工蜂采集树芽脂加工的产品。蜂胶不是蜜蜂的食物，但却是意蜂群中必不可少的起抗菌作用的物质。

第二节 蜜蜂的完美形象

蜜蜂个体生长发育包括卵、幼虫、蛹和成虫四个阶段。卵、幼虫和蛹生活在蜂巢中，通常不能被人发现；我们看到的一般是在花朵上采蜜的（成年）工蜂。

一、蜂卵、幼虫和蜂蛹

1.蜂卵　呈香蕉状，乳白色，略透明；两端钝圆，一端稍粗是头部，朝向房口，另一端稍细是腹末，表面有黏液，黏着于巢房底部（图1-19）。

2.幼虫　初呈新月形，淡青色，不具足，平卧房底，并被饲料所包围；随着生长，渐成C形，呈小环状，白色晶亮，长大后则伸向巢房口发展，有1个小头和13个分节的体躯（图1-20）。

3.蜂蛹　幼虫蜕5次皮后开始化蛹，在封盖巢房中，不取食不运动，组织和器官继续分化和改造，逐渐形成成虫的各种器官（图1-21）。

当成虫在蛹壳内完全形成时，蛹壳裂开，成虫咬破巢房蜡盖羽化出房。

二、成虫的外部形态

蜜蜂成虫的身体分为头、胸、腹三部分，由多个体节构成（图1-22）。

图1-19　蜂卵

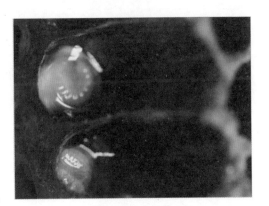

图1-20　幼虫

图1-21　蜂蛹

图 1-22　工蜂外部形态
1. 头部　2. 胸部　3. 腹部　4. 触角　5. 复眼　6. 口器
7. 前足　8. 绒毛　9. 中足　10. 后足　11. 翅

　　蜜蜂的体表是一层几丁质外骨骼，能支撑和保护内脏器官。外骨骼表面密被绒毛，有保温护体的作用；有些绒毛是空心的，是感觉器官；有些绒毛呈羽状分枝，能黏附花粉粒，是采集花粉的工具之一。

（一）头部

　　蜜蜂的头部是感觉和取食的中心，表面着生眼、触角和口器，里面有腺体、脑和神经节等。头部和胸部由一细且具弹性的膜质颈相连。

　　蜂王的头部肾脏形，工蜂的头部倒三角形，雄蜂的头部近圆形。

　　1. 眼　蜜蜂的眼有复眼和单眼两种。复眼 1 对，位于头部两侧，由许多表面呈正六边形的小眼组成，大而突出，暗褐色，有光泽。蜜蜂复眼视物为嵌像，对快速移动的物体看得更清楚，能迅速记住黄、绿、蓝、紫色，对红色是色盲，厌恶黑色与毛茸茸的东西。单眼 3 个，呈倒三角形排列在两复眼之间的头顶上方。单眼感知光的强弱，决定蜜蜂早出晚归的习性。

　　2. 触角　触角 1 对，着生于颜面中央触角窝，膝状，由柄、梗、鞭 3 节组成，可自由活动，主触觉和嗅觉。

　　3. 口器　由上唇、上颚和喙等组成，是适于吸吮花蜜和嚼食花粉等的嚼吸式口器。工蜂和蜂王的口器还有自卫功能。

（二）胸部

　　胸部是蜜蜂运动的中心，由前胸、中胸、后胸和并胸腹节组成，后端形成腹柄与腹部相连。胸部 4 节紧密结合，每节都由背板、腹板和两块侧板合围而成。中胸和后胸的背板两侧各有 1 对膜质翅，称前翅和后翅。前、中、后胸腹板两侧分别着生前足、中足和后足各1对。

1. 翅　蜜蜂翅2对，膜质透明，前翅大于后翅。翅上有翅脉，是翅的支架；翅上有翅毛（图1-23）。前翅后缘有卷褶，后翅前缘有1列向上的翅钩。静止时，翅水平向后折叠于身体背面；飞翔时，前翅掠过后翅，前翅卷褶与后翅翅钩搭挂——连锁，以增加飞翔力（图1-24）。

蜜蜂的翅除飞行外，还能扇动气流和振动发声，调节巢内温度和湿度，传递信息。

2. 足　蜜蜂的足分前足、中足和后足3对，都由基节、转节、股节、胫节和跗节组成。跗节由5个小节组成，其中基部加长扩展为近长方形的分节称基跗节，近端部的分节叫前跗节，其端部具有1对爪和1个中垫，爪用以抓牢表面粗糙的物体，中垫能分泌黏液附着于光滑物体的表面。足的分节有利于蜜蜂灵活运动。

工蜂足的构造高度特化，它既是运动器官，又是采集和携带花粉的工具。后足胫节端部宽扁，外侧表面光滑而略凹陷，周边着生向内弯曲的长刚毛，相对环抱，下部偏中央处独生1支长刚毛，形成一个可携带花粉的装置——花粉篮（图1-25）。工蜂采集到的花粉在此堆集成团，中央刚毛和花粉篮周围的刚毛，起固定花粉团的作用（图1-26）。意蜂等西方蜜蜂的花粉篮还用于携带蜂胶。另外，中足胫节端部的1支长刚毛，是

图1-23　工蜂的翅
（示：前、后翅，翅脉）

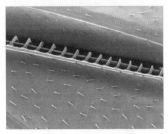

图1-24　蜜蜂的翅
（示：翅钩、翅褶及前、后翅连锁）
（引自 Snodgrass R.E., 1993）

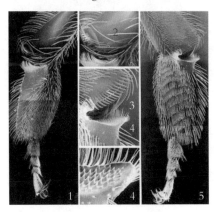

图1-25　工蜂的后足
1. 外侧，花粉篮　2. 刚毛　3. 花粉耙
4. 耳状突　5. 内侧，花粉梳
（引自 Snodgrass R.E., 1993）

图1-26　花粉篮中的花粉团

卸花粉的工具——花粉铲；前足胫节端部的 1 根长刚毛与基跗节基部的半圆凹槽，组成清理触角的净角器。

蜂王和雄蜂足的采集构造均退化，无采集花粉的能力。

（三）腹部

蜜蜂腹部由一组环节组成，是内脏活动和生殖的中心（图 1-27）。

图 1-27 撅起的腹部

1. 基本结构 每一可见的腹节都由 1 片大的背板和 1 片较小的腹板组成，其间由侧膜相连。腹节之间由前向后套叠在一起，前后相邻腹节由节间膜连接起来，这样腹部可以自由伸缩和弯曲。在蜜蜂腹节背板的两侧各具成对的气门。

2. 附属器官 包括螫针和蜡镜等。

（1）螫针：是蜜蜂的自卫器官。工蜂的螫针由产卵器特化而成，通常包藏于腹末第 7 节背板下的螫针腔内。由碱性腺（副腺）、酸性腺（毒腺）、毒囊和螫针杆等组成。螫针杆由 1 根腹面具沟的刺针和 2 根上表面具槽、端部具齿的感针组成（图 1-28），感针镶嵌于刺针之下，组成通道，与毒囊、毒腺相连，且可滑动自如。

工蜂在螫人时，靠感针端部的小齿附着人体，逃跑时将螫针和毒腺与蜂体分离。螫针上的肌肉在交感神经的作用下，还会有节奏地收缩，刺针与感针前后滑动，使螫针越刺越深并继续射毒。

工蜂失去螫针后，不久就会死亡。蜂王的螫针也是由产卵器特化而成的，它只在与其他蜂王搏斗时才使用。雄蜂没有螫针。

（2）蜡镜：在工蜂的第 4 至第 7 腹板的前部，即被前一节套叠的部分各具一对光滑、透明、卵圆形的蜡镜，是承接蜡液凝固成蜡鳞的地方（图 1-29）。

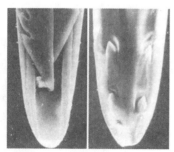

图 1-28 螫针的端部
（引自 Snodgrass R.E., 1993）

图 1-29 蜡镜

第三节　蜜蜂的生理奥秘

蜜蜂体腔内充满着流动的血液（血淋巴），消化道位于体腔的中央，从口到肛门前后贯通；血液循环系统的中心——背血管（心脏和一段动脉），位于腹腔背面的中央；中枢神经系统由头部的脑和位于体腔腹面中央的神经索组成；呼吸系统开口于胸部和腹部的两侧（图 1-30）。除此以外，蜜蜂的内部构造还包括生殖系统、腺系统、排泄器官等。

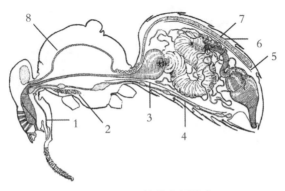

图 1-30　工蜂的内部器官
1. 唾管　2. 胸唾腺　3. 腹神经索　4. 腹隔
5. 背隔　6. 心门　7. 心脏　8. 背血管
（引自 Snodgrass R.E.，1993）

蜜蜂腹部的消化道与背血管、腹神经索之间分别由背隔、腹隔隔开，将腹腔分隔成 3 个腔，即背血窦、围脏窦和腹血窦，以便血液分区循环（图 1-31）。

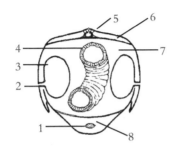

图 1-31　蜜蜂的体腔（腹节横断面）
1. 神经索　2. 气门　3. 气囊　4. 中肠
5. 心脏　6. 背隔　7. 体腔　8. 腹隔
（引自 Snodgrass R.E.，1993）

一、饮食与排泄

（一）消化系统与营养吸收

1. 结构特点　蜜蜂成虫的消化系统可分为前肠、中肠和后肠3部分（图1-32）。

前肠由口、咽、食管、蜜囊和前胃组成，与花蜜的采集和酿造密切相关的是喙和蜜囊。喙，吸食花蜜的管子；蜜囊，临时存放花蜜的口袋。中肠呈S形，位于腹腔前中部，和后肠分界处着生有马氏管。后肠又由小肠和直肠组成，小肠是弯曲、狭长的管子；直肠膨大，壁上着生有直肠腺。

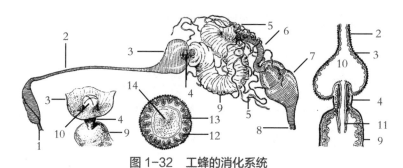

图1-32　工蜂的消化系统

1. 口　2. 食管　3. 蜜囊　4. 前胃　5. 马氏管　6. 小肠　7. 直肠　8. 肛门
9. 中肠　10. 前胃瓣　11. 贲门瓣　12. 中肠上皮细胞　13. 围食膜　14. 中肠内食物
（引自 Snodgrass R.E., 1993）

2. 营养吸收　进入蜜囊的食物，通过前胃瓣裂口进入中肠后被消化，养分被吸收；未被消化的食物，经小肠继续分解和利用。

（二）排泄器官与废物排泄

1. 排泄器官　马氏管着生在中肠和小肠连接处，细长，末端封闭，100多条，彼此相互交错盘曲，深入腹腔的各个部位，浸浴在血液中，漂浮扭动。

2. 废物排泄　未被消化的食物经小肠吸收残渣后进入直肠，最后排出体外。尿酸和尿酸盐类等物质由马氏管从回流的血液中吸收，后被送入后肠，混入粪便排出体外。

直肠可暂时贮存代谢废物，直肠腺的分泌物可抑制粪便腐烂，这是蜜蜂能够忍耐漫长而寒冷的冬天的原因所在。

二、呼吸

（一）呼吸系统

蜜蜂的呼吸是将空气中的氧气经不同直径的管道，直接送到需要的器官和组织，其呼吸系统由气门、气管、微气管、气囊等组成（图1-33）。

1.**气门**　气门是气管通向体外的开口，在身体的两侧相对排列，胸部3对，腹部7对。除第3对外，其他都有控制空气漏出和在气管中流动的结构。

2.**气管**　与气门相连、具有弹性的管子，在体内呈分支状，对称分布。从气门到分支处的一短段称气门气管，它分成3支伸向背面、腹面和中央的消化道，分别称为背气管、腹气管和内脏气管。从胸部到腹末，把整个开口于体侧的气管连接贯通的纵向气管叫气管干。

3.**气囊**　气管局部膨大的部分叫气囊，充满空气时呈银白色。气囊壁薄而柔软，富有弹性，其扩张和收缩可加强气管内气体的流通，蜜蜂飞行时，还有增大浮力的作用。

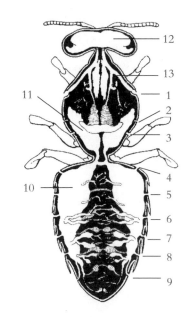

图1-33　蜜蜂的呼吸系统
1~9.第Ⅰ~Ⅸ对气门　10.腹部气囊
11.胸部气囊　12.头部气囊　13.气管
（引自 Snodgrass R.E., 1993）

4.**微气管**　气管和气囊不断分支，最终形成直径1微米以下的气管，并以封闭的末端分布于各组织器官间。微气管末端充满含饱和氧的液体，这些氧通过管壁和细胞壁进入细胞内进行代谢。

（二）呼吸过程

通过腹部有节奏的张缩运动，实现呼吸。腹部伸展，胸部气门张开，腹部气门关闭，腹部收缩时则相反，彼此交错开闭。一般每分钟40~150次，在静止和低温时较慢，在活动、高温或被激怒时较快。蜜蜂静止时，主要依靠第1对气门呼吸，腹部气门关闭；飞翔时，空气由第1对气门吸入，由腹部气门排出。

三、产卵的秘密

（一）生殖结构

蜂王和雄蜂的生殖器官完全，工蜂的生殖器官退化。

1.**蜂王生殖器官**　由1对卵巢、2条侧输卵管、1个中输卵管、附性腺和外生殖器等组成。卵巢梨形，是由300条左右的卵巢管紧密聚集而成的，卵巢管由一连串的卵室和滋养室相间组成；中输卵管后端膨大为阴道，阴道背面有 1 个圆球状的受精囊，受精囊管与阴道相通，在受精囊上还有 1 对受精囊腺，能产生保护精子的液体。

2. **雄蜂生殖器官**　由 1 对睾丸、2 条输精管、1 对贮精囊、1 对黏液腺、1 条射精管和阳茎组成（图 1-34）。睾丸呈扁平的扇状体，内有生精小管，产生的精子经过一短段细小扭曲的输精管，到达长管状的贮精囊，与蜂王交配时，由射精管排出土黄色的精液。

图 1-34　雄蜂外露的阳茎

（二）蜂王产卵

在蜂王与雄蜂交配后，精子被贮藏在蜂王的贮精囊内。卵室产生的卵子吸收滋养室营养发育，成熟后经过侧输卵管到达中输卵管，蜂王在此按需要决定卵子受精与否（图 1-35）。

蜂王在蜂王浆的营养下，每天每条卵巢管成熟 5 个左右的卵子，产卵 1500 粒左右，而且天天如此。

图 1-35　蜂王产卵

四、腺体的功能

腺体包括外分泌腺和内分泌腺（图 1-36）。内分泌腺分泌物称激素，在体内循环；外分泌腺分泌物则被排出体外，起信息传递、溶解消化食物并将其排出体外的作用（图 1-37）。较重要的腺体见表 1-2。

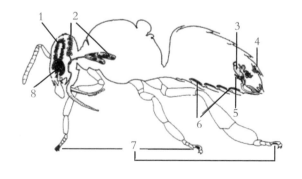

图 1-36　工蜂的腺系统
1. 王浆腺　2. 唾腺　3. 毒腺　4. 臭腺　5. 副腺
6. 蜡腺　7. 附节腺　8. 上颚腺
（引自 Winston M. L., 1991）

图 1-37　工蜂的外分泌腺
排出分泌物
（引自 徐连宝）

表 1-2　蜜蜂部分腺体一览表

种类	名称	特点	位置	形状	主要成分或通用名	传播	用途	备注
内分泌腺	前胸腺	无腺管	幼虫前胸和中胸之间、第1对气门后面	小叶片状结构	蜕皮激素	被其周围毛细血管吸收，通过血液循环送往身体各处	控制幼虫蜕皮	
	咽侧体		脑下食管壁上	小球形实体细胞	保幼激素		保持幼虫状态，影响雌性蜜蜂级型分化	
	心侧体		附着于背血管壁上	一团松散细胞	贮存脑神经分泌物		影响体液、生殖等	
	脑下垂体		脑顶中心间脑内，由神经纤维与心侧体和咽侧体相连	脑神经分泌细胞群	促激素		调节激素分泌功能	
外分泌腺	唾液腺 头唾腺	有腺管	1对，在头内后部脑的上面	2串，扁平梨状体	转化酶	4根导管通入1条总管，开口于唾液泵，导至舌尖	蔗糖水解	
	唾液腺 胸唾腺		1对，位于胸部	2串，管状体				
	咽下腺		头内两侧	1对，葡萄状	蜂王（乳）浆	开口在口片侧角	蜂王和小幼虫食物	工蜂
	上颚腺 工蜂		头内上颚上面	1对，囊状	癸烯酸、2-庚酮、酶类物质	开口于上颚基部两侧	参与蜂王浆的形成、报警	信息素
	上颚腺 蜂王				蜂王物质	通过饲喂、接触、空气传递	维持秩序，招引雄蜂，分蜂聚集	
	毒腺 酸性腺		螫针基部	1根长而薄、末梢有分支的盘曲小管，内壁着生分泌细胞、鳞状上皮细胞等	蜂毒肽等	蜂毒有效成分	致敌死亡、麻痹	雄蜂无毒腺
	毒腺 碱性腺			短而厚、轻微盘曲、内壁由上皮细胞组成	乙酸异戊酯等	产生气味	报警	
	臭腺		工蜂第7腹节背板内部	一个似大细胞带	萜烯衍生物	通过微导管排入背板基部的囊内	召集、引导	
	蜡腺		第4至第7腹板的蜡镜下	4对	分泌蜡液	通过镜孔渗出，凝固成片	作筑巢的原料	工蜂

五、血液的流通

1. 结构　蜜蜂是开放式的循环系统，主要器官是背血管，由前部的动脉和后部的心脏组成，前端开口于头部脑下，后端封闭。心脏是血液循环的搏动器官，由 5 个心室组成，每个心室两侧都有 1 对心门，是血液进入心脏的入口，其边缘向内折入，形成心门瓣，防止血液倒流；动脉是引导血液向前流动的简单血管，从心脏的第一心室向前延伸入头部（图 1-38）。

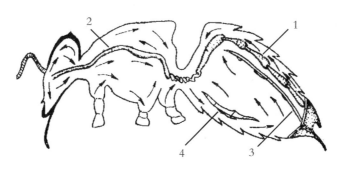

图 1-38　循环系统
1. 心室　2. 动脉　3. 背隔　4. 腹隔
（引自 Snodgrass R.E.,1993）

2. 循环　心脏扩张，背血窦中的血液经心门吸入心室，借心脏的搏动，将血液推入动脉，从头部的血管口喷出后向两侧和后方回流；血液流入胸部时，由于腹隔的波状运动，大部分血液流入腹血窦，其中一部分进入足内，背血窦中的一部分血液进入翅；血液经过腹隔的空隙进入围脏窦。循环过程中，血液将营养物等输送到各组织器官，并把机体的代谢物带走；然后，血液在围脏窦接纳胃肠道扩散的营养物质，同时，携带的代谢物经由马氏管吸收后被送入后肠。

3. 功能　蜜蜂的血液，也称血淋巴，为蜜蜂的细胞外体液，无色或淡黄色。其功能有：输送营养物质，运走代谢废物；为各器官的活动、卵孵化、幼虫蜕皮提供必要的压力；吞噬细菌和其他微生物，以及死亡细胞和组织残片；凝血作用和运送激素。蜜蜂的血液无红细胞，故没有输氧的功能。

第四节　蜜蜂的习性

一、蜜蜂飞行的特点

在黑暗的蜂巢里，蜜蜂利用重力感觉器与地磁力来完成筑巢的定位；在外出采集来往飞行中，蜜蜂利用视觉和嗅觉的功能，依靠地形、物体与太阳位置等来定向；而在近处则主要依靠颜色和气味来寻找巢门位置和食物。在一个狭小的场地住着众多的蜜蜂，若没有明显标志物，蜜蜂也会迷失方位，蜂场附近的高压线会影响蜜蜂回归（图1-39）。

图1-39　工蜂飞行特点
（采完食物，先转两圈再直线飞走）

晴暖无风的天气，意蜂载重飞行每小时约20千米，在逆风条件下常贴地面艰难运动。意蜂的有效活动范围在离巢穴2.5千米以内，向上飞行的高度为1千米，并可绕过障碍物。中蜂的采集半径约1.5千米。

一般情况下，蜜蜂在最近的植物上进行采集。在其飞行范围内，如果远处有更丰富、可口的植物泌蜜、散粉的情况下，有些蜜蜂也会舍近求远，去采集该植物的花蜜和花粉，但离蜂巢越远，去采集的蜜蜂就会越少。一天当中，蜜蜂飞行的时间与植物泌蜜时间相吻合，或与蜜蜂交配等活动相适应。

二、食物采集与加工

（一）花蜜的采集与酿造

花蜜是植物蜜腺分泌出来的一种甜液，是为植物招引蜜蜂和其他昆虫为其异花授粉必不可少的"报酬"。

1. 采集花蜜　在植物开花时，蜜蜂飞向花朵，降落在能够支撑它的任何方便的部位，根据花的芳香和花蕊的指引找到花蜜和花粉，把喙向前伸出，在其达到的范围内把花蜜吮吸干净（图1-40）。有时这个工作需要在空中飞翔时完成。

一个6千克重的蜂群，在流蜜期投入采集活动的工蜂约为总数的50%；一个2

千克重的蜂群，约为 29.4%。如果蜂巢中没有幼虫可哺育，提前到 5 日龄的工蜂也会参与采蜜工作中。在刺槐、油菜、椴树等主要蜜源开花盛期，一个意蜂强群 1 天采蜜量可达 5 千克以上。

图 1-40　采蜜

2. **酿制蜂蜜**　花蜜酿造成蜂蜜，一是经过糖类的化学转变，二是把多余的水分排出。花蜜被蜜蜂吸进蜜囊的同时即混入了上颚腺的分泌物——转化酶，蔗糖的转化从此开始。采集蜂归来后，把蜜汁分给一至数只内勤蜂，内勤蜂接受蜜汁后，会找个安静的地方，头向上，张开上颚，整个喙进行反复伸缩，吐出吸纳的蜜珠。20 分钟后，酿蜜蜂爬进巢房，腹部朝上，将蜜汁涂抹在整个巢房壁上；如果巢房内已有蜂蜜，酿蜜蜂就将蜜汁直接加入。花蜜中的水分，在酿造过程中通过扇风来排除。如此 5~7 天，经过反复酿造和翻倒，蜜汁不断转化和浓缩，蜂蜜成熟，然后，逐渐被转移至边脾，泌蜡封存（图 1-41）。

图 1-41　酿蜜

（二）花粉的采集与制作

花粉是植物的雄性配子，其个体称为花粉粒，由雄蕊花药产生。饲喂幼虫和幼蜂所需要的蛋白质、脂肪、矿物质和维生素等，几乎完全来自花粉。

1. **采集花粉**　当花粉粒成熟时，花药裂开，散出花粉。蜜蜂飞向盛开的鲜花，拥抱花蕊，在花丛中跌打滚爬，用全身的绒毛黏附花粉，然后飞起来用 3 对足将花粉粒收集并堆积在后足花粉篮中，形成球状物——蜂花粉，携带回巢（图 1-42）。

工蜂每次收集花粉约访梨花 84 朵、蒲公英 100 朵，历时 10 分钟左右，获得 12~29 毫克花粉。在油菜花期，一个有 2 万只蜜蜂的蜂群，日采鲜花粉量可达到 2 300 克，一群蜂 1 年需要消耗花粉 30 千克。

图 1-42　采粉

2.**制作蜂粮**　蜜蜂回巢后，将花粉团卸载到靠近育虫圈的巢（花粉）房中，不久内勤蜂会钻进去，将花粉嚼碎夯实，并吐蜜湿润。在蜜蜂唾液和天然乳酸菌的作用下，花粉变成蜂粮（图1-43）。巢房中的蜂粮贮存至七成左右时，蜜蜂会添加1层蜂蜜，最后用蜡封存。

图 1-43　蜂粮

三、蜜蜂的语言

（一）蜜蜂本能

蜜蜂本能受内分泌激素的调节，如蜂王产卵、工蜂筑巢、采酿蜂蜜和蜂粮、饲喂幼虫；受到刺激产生反射活动，如遇敌螫刺、闻烟吸蜜。

（二）激素的作用

激素是蜜蜂外分泌腺体向体外散布的化学通信物质。

1.**蜂子信息素**　由蜜蜂幼虫和蛹产生，主要成分是脂肪族酯和1,2-二油酸-3-棕榈酸甘油酯等，作为雄、雌区别的标识，以及刺激工蜂积极工作。

2.**蜂蜡信息素**　是新造巢脾的挥发物，促进工蜂积极工作。

3.**蜂王信息素**　为蜂王上颚腺分泌物，起着团结蜂群和抑制工蜂卵巢发育的作用。

4.**工蜂臭腺素**　当蜜蜂受到威胁时，会翘起腹部，伸出螫针，露出臭腺，扇动翅膀，向来犯者示威和报告伙伴，预备群起攻击入侵之敌。

在植物开花泌蜜期，蜂王年轻、蜂巢内有适量幼虫、积极造脾均会增加蜂蜜产量。

（三）舞蹈的秘密

蜜蜂在巢脾上用有规律的跑步和扭动腹部来传递信息（图1-44），类似人的"哑语"或"旗语"，被称为蜜蜂的舞蹈。

1.**圆舞**　蜜蜂在巢脾上快速左右转圈，向跟随它的同伴展示丰美的食物就在附近。

2.**8字舞**　蜜蜂在巢脾上沿直线快速摆动腹部、跑步，然后转半圆回到起点，再沿这条直线小径重复舞动跑步，并向

图 1-44　蜜蜂的舞蹈
（引自 *BIOLOGY*）

另一边转半圆回到起点，如此快速转8字形圈。8字舞的作用有很多。

（1）方向的确定，跳舞蜂沿直线行进的方向与竖直线的交角，即是太阳与蜂箱连线相对应的方向。

（2）食物越丰富、适口（甜度与气味），距离越近，舞蹈蜂就越多，跳舞就越积极，单位时间内直跑次数就越多（表1-3）。

表1-3　蜜蜂8字舞直跑次数与距离的关系

距离／米	每15秒直跑次数
100	9~10
600	7
1 000	4
6 000	2

（3）当一个新的蜜蜂王国诞生（分蜂）时，蜜蜂通过舞蹈比赛来确定未来的家园。

（4）方向的表达（图1-45）。

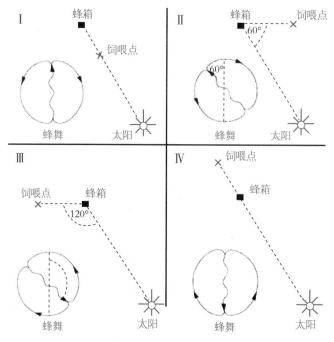

图1-45　蜜蜂8字舞方向的表达

3.声音的喜怒　蜜蜂跳分蜂舞时的呼呼声，似分蜂出发的动员令，"呼呼声"一旦发出，蜜蜂便倾巢而出。蜜蜂开始围困蜂王时，会发出一种快速、连续、刺耳的吱吱声，工蜂闻之，就会从四面八方快速向声源爬行集中，使围困蜂王的蜂球越结越大，直到把蜂王闷死。当蜂王丢失时，工蜂会发出悲伤的无希望的哀鸣声。蜜蜂在受到惊扰或胡蜂进攻时，会在原地集体快速震动身体，发出唰唰的整齐划一的蜂声，恐吓来犯之敌。

四、蜜蜂与温度

（一）个体温度

蜜蜂属于变温动物，其个体体温接近气温，随所处环境温度的变化而发生相应的改变。例如，工蜂个体安全活动的最低临界温度，中蜂为 10 ℃，意蜂为 13 ℃；工蜂活动最适气温为 15~25 ℃，蜂王和雄蜂最适飞翔气温在 20 ℃以上。

（二）群体温度

蜂群对环境有较强的适应能力：在繁殖期，育子区的温度在 34~35 ℃，中壮年和老年工蜂散布在周边较低温度区域；在断子期，蜂团外围的温度在 6~10 ℃，中心的温度在 14~24 ℃。具有一定群势和充足饲料的蜂群，在 –40 ℃的低温下能够安全越冬，在最高气温 45 ℃左右的条件下还可以生存。但是，蜜蜂在恶劣环境下生活要付出很多。

1. 应对炎夏　蜂巢温度超过蜂群正常生活需要时，蜜蜂常以疏散、静止、扇风、洒水和离巢等方式来降低巢温；长时间高温，蜂王会减少产卵量以减轻工蜂负担；在不能耐受长期高温的情况下会飞逃（图 1-46）。

图 1-46　保温的蜂巢

2. 抵御严寒　蜂巢温度降到蜂群正常生活温度以下时，蜂王停止产卵，蜜蜂通过密集、缩小巢门、加强新陈代谢等方式升高巢温。在冬季外界气温接近6~8 ℃时，蜂群就结成外紧内松的蜂团，内部的蜜蜂比较松散，它们产生的热量向蜂团外层传输，用以维持蜂团表面蜜蜂的温度（图 1-47）。蜂团外层由 3~4层蜜蜂组成，它们相互紧靠，利用不易散热的周身绒毛形成保温"外壳"。"外壳"里的蜜蜂在得不到足够的温度补偿被冻死时，就由内层蜜蜂替代。

图 1-47　冰天雪地中的蜂群

第五节　蜜蜂的一生

一、蜜蜂一生的四个阶段

在蜂群中，蜜蜂个体一生经过卵、幼虫、蛹和成虫4个阶段，前三个阶段生活在蜂巢中，成虫则穿行于蜂巢和鲜花之间（图1-48）。

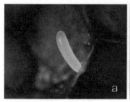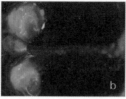

图1-48　蜜蜂个体生长发育的四个虫态
a.卵　b.幼虫　c.蛹　d.成虫

在蜂群中，蜂王、工蜂和雄蜂的生长发育时间和寿命，受品种、食物、劳动强度等影响而存在差异（表1-4）。

表1-4　中蜂和意蜂发育、生活历期　　（单位：天）

型别	蜂种	卵期	未封盖幼虫期	封盖期	出生日	成虫期
蜂王	中蜂 意蜂	3	5	8	16	1095~1825
工蜂	中蜂 意蜂	3	6	11 12	20 21	28~180
雄蜂	中蜂 意蜂	3	7	13 14	23 24	平均20

二、蜜蜂性别与分化

蜂王在工蜂房中和王台基内产下的受精卵，含有32个染色体，经过生长发育成为雌蜂；由蜂王产的未受精卵，其细胞核中仅有16个染色体，只能发育成雄蜂（图1-49）。

工蜂和蜂王都是雌蜂，在形态结构、职能和行为等方面存在差异，主要表现在：第一，工蜂具有采集食物和分泌蜂蜡、制造王浆等的工作器官，但生殖器官退化，不能正常产卵；蜂王则相反，并专司产卵。第二，两者发育历期不同，寿命差异很大。造成工蜂和蜂王差异的原因是食物和出生地，工蜂出生于口斜向上、呈正六棱柱体的工蜂房中，幼虫在最初的 3 天吃蜂王浆，之后吃蜂粮；而蜂王成长于口向下、呈圆坛形的王台中，幼虫及成年蜂王一直吃蜂王浆。

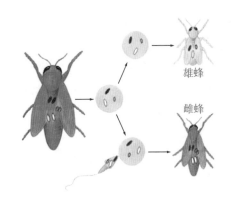

图 1-49　蜜蜂性别决定
（引自 *BIOLOGY*，The Unity and Diversity of Life, EIGHTH）

三、个体活动

（一）蜂王

1. 蜂王的产生　在每年蜜源丰盛季节，蜂群在王台培育新的蜂王（图 1-50），准备分蜂，或替换衰老的蜂王。处女蜂王出生后，8~9 天性成熟，在晴暖天气午后出巢婚飞，与一簇雄蜂竞争者中的胜出者交配，交配 2~3 天后产卵，以后除非分蜂，便一直生活在蜂巢中。

2. 蜂王的职能　第一，蜂王的主要职能就是产卵，从早春到秋末，不分昼夜地在巢脾上巡行，产下一个又一个的卵，而工蜂则将其环绕，时刻准备着用营养丰富的蜂王浆饲喂蜂王（图 1-51）。意蜂王每昼夜产卵可达 1 800 粒，超过自身的体重。中蜂王每昼夜产卵 900 粒左右。当外界的花逐渐消失，它也会节制生育，并在冬天停止产卵。

第二，蜂王是品种种性的载体，对蜂群中个体的形态、生物学特性、生产性能、抗逆能力等都有直接的影响。

第三，通过释放蜂王物质抑制工蜂

图 1-50　王台——培育蜂王的皇宫
（引自《岐阜养蜂株式会社》）

图 1-51　蜂王和围绕其周围的工蜂

卵巢发育，产生足够数量的卵，加重工蜂负担，从而维持蜂群正常生活秩序，达到控制群体的作用。

3.**蜂王的寿命** 自然情况下为 3~5 年，其产卵最盛期是第 1~1.5 年，此后产卵量逐渐下降。之后老蜂王被新蜂王替代，蜂群生命代代相传。

（二）工蜂

1.**工蜂的产生** 每年春暖花开，蜂王产卵首先繁殖工蜂，替代越冬工蜂，替补工蜂又被后来绵绵不断出生的新工蜂替换。

2.**工蜂的职能** 担负着蜂巢内外的一切劳动，根据日龄的大小、蜂群的需要以及环境的变化而变更着各自的"工种"。这些工种有：孵卵、打扫巢房、哺育小幼虫和蜂王、泌蜡筑巢、采酿花蜜和蜂粮、守卫蜂巢（图 1-52）等。在主要蜜源开花期，如果巢内只有极少工作，出生 5 日龄的工蜂也会参加采酿蜂蜜活动；在早春，越冬工蜂的王浆腺会再发育哺育蜂儿。

图 1-52 守卫

工蜂泌浆喂虫，一只越过冬天的工蜂，平均仅能养活 1.2 只幼虫，一只春天新出生的工蜂，平均可养活 3.8 只幼虫。

此外，工蜂还会在采蜜时帮助雌蕊找到合适的"对象"而授粉（图 1-53）。

3.**工蜂的寿命** 在蜜蜂短暂的一生中，繁重的采集和泌浆工作，使其寿命在春天约有 35 天，在夏季和秋季只有 28 天左右；而在没有幼虫哺育的情况下，其寿命可达到 60 天以上，冬天可达 180 天。

图 1-53 工蜂体表散布花粉
（李新雷 摄）

（三）雄蜂

1.**雄蜂的产生** 雄蜂是季节性蜜蜂，为蜂群中的雄性公民。在春暖花开、蜂群强壮时，蜂王在雄蜂房中产下未受精卵，以后它们就发育成雄蜂。

2.**雄蜂的职能** 它们在晴暖的午后，飞离蜂巢，追寻到处女蜂王交配，履行自己授精的职责，然后死去。绝大多数没有交配机会的雄蜂，或回巢，或飞到别的"蜜蜂王国"旅游去了。雄蜂的天职就是交配授精，平衡蜂群中的性别关系，平日里饱食终日，无所事事。

3. **雄蜂的寿命**　雄蜂既没有螫针，也没有采集食物的构造，不能自食其力。在蜂群活动季节，其平均寿命约20天，一到秋末，这些已经无用处的雄蜂，就会被工蜂驱逐出去，了此一生（图1-54）。

图1-54　粗壮的雄蜂

四、群体生活

（一）蜂群的周年生活

蜂群随蜜源、气候变化处在一个动态的平衡中。在我国1~2月已有花开，蜂群开始生长恢复；3~10月蜜源丰富，蜂群繁荣昌盛；11月至翌年1月蜜源稀少或断绝，蜂群越冬。

在同一地区，每个蜂群都受气候和蜜源的影响，其周年生活可分为繁殖和断子等阶段。

1. **繁殖阶段**　从早春蜂王产卵开始，到秋末蜂王停卵结束，蜂群中卵、幼虫、蛹和蜜蜂共存，巢温稳定在34~35℃。

一般情况下，5脾蜂开始繁殖，蜂群的生长规律如图1-55所示。从a→b约21天，老蜂不断死亡，没有新蜂出生，蜂群群势下降；从b→c约10天，老蜂继续死亡，新蜂开始羽化，蜂群群势还在下降，到达c点，蜂群群势下降到全年最低点；从c→d约10天，新蜂出生数量超过老蜂死亡数量，群势逐渐恢复，到达d点，群势

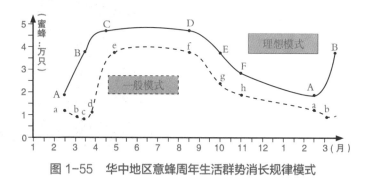

图1-55　华中地区意蜂周年生活群势消长规律模式

恢复到开始繁殖时的大小；从 d→e 约 30 天，群势逐渐上升，到 e 点达到全年最大群势，并开始了蜂蜜、花粉、蜂王浆和蜂毒的生产；从 e→f 约 120 天，群势比较平衡，是分蜂和蜂产品生产的主要时期；从 f→g 约 1 个月，我国北方蜂群群势下降，生产停止，这一时期繁殖越冬蜂，喂越冬饲料，准备蜂群越冬；从 g→a 约 135 天，北方蜂群越冬。从 f→h 约 60 天，南方蜂群还在生产茶花粉和蜂王浆，从 h→a 约 75 天，南方蜂群越冬。

1 脾子春天羽化出 2.5~3 脾蜜蜂、夏天 1.5 脾、秋天则 1 脾。

在理想的养蜂模式中，蜂群从 2 万只蜜蜂开始繁殖，不经过下降、恢复等阶段，新蜂出生就进入上升时期，即 A→B→C→D→E→F→A，全年生产周期增长，从 3 月到 11 月长达 9 个月，也就增加了产量。而华北地区从 4 月到 8 月底，全年仅 5 个月的生产时间。

2. 断子阶段 当外界蜜源断绝，天气长时间处于低温或高温状态时，蜂王停止产卵，群势不断下降，蜜蜂处于半冬眠或静止状态，这是蜂群周年生活最困难的时期。

越冬期南短北长，如在河南越冬期 4~5 个月，浙江约 2 个月，而在海南没有越冬期。蜂群越冬期除吃蜜活动提高巢温外，不再有其他工作。

度夏期不仅发生在江、浙以南夏季没有蜜源的地区，约持续 2 个月，而且在河南 7~8 月亦有度夏现象。在度夏期，蜜蜂努力采水降温，仅采集少量蜂蜜。

（二）蜂群的自然分蜂

自然情况下，当群强、子旺时，工蜂建造王台基，蜂王向王台基中产卵，王台封盖以后至新蜂王羽化之前，老蜂王连同大半数的工蜂结队离开老巢，另建蜂巢生活；原群留下的蜜蜂和所有蜂儿，待新王出房后，又形成新蜂群，这个过程就叫自然分蜂。自然分蜂是蜂群的繁殖方式，是蜜蜂社会化生活的本能表现。

1. 老蜂王重建家园 晴朗天气的 10~15 时，侦察蜂在巢脾上即时奔跑舞蹈，发出分蜂信号，准备离家的蜜蜂兴奋异常，吃饱蜂蜜之后匆忙冲出巢门，先在巢门前做低空盘旋，接着出巢蜂越来越多，蜂王爬出巢门飞向空中后大队蜜蜂如决堤之水，蜂拥而出。它们在蜂场上空盘旋，跳着浩大的分蜂群舞，发出的嗡嗡声响彻整个蜂场，形成蜂群繁殖的大合唱。不久，分出的蜜蜂便在附近的树杈或其他适合的地方聚集成分蜂团（图 1-56）。

图 1-56　分蜂团
（司拴保摄）

通常分蜂团会停留 2~3 小时，其间，侦察蜂在分蜂团表面卖力地表演舞蹈，向追随者诉说新巢穴的方向和距离，通过舞蹈比赛，蜂群结队随胜利者前往，吃饱喝足的蜜蜂在低空形成一朵生命的"蜂云"缓慢前行。蜜蜂飞抵新巢穴后，一部分工蜂高翘腹部，发出臭味招引同伴。随着蜂王的进入，蜜蜂便像雨点一样降落下来，涌进巢门。之后，工蜂立即开始泌蜡造脾，采集蜂群生活所需要的食粮。一个生机勃勃的新的蜜蜂王国诞生，新的团体生活从此开始。

2. 新蜂王守望老巢 约有一半的工蜂跟随老蜂王迁居新址，剩下的工蜂悉心守卫着孕育未来王后的皇宫（王台），耐心地等待新蜂王的诞生，并期待着新蜂王加冕成功。至此，由老蜂王飞离家园到新蜂王交配产卵，才算完成一个新生命的诞生。

注：中蜂比意蜂爱分蜂。

（三）蜂群与环境气候

由光、温度、湿度、降水和风等非生物因素组成气候因素。

1. 光 蜜蜂的感光区在 310~650 纳米，能够看到紫外光，而对红光为色盲。夜间蜜蜂有趋光性，在红光下处置蜂群，可以减少蜜蜂骚动。

光照强度影响蜜蜂的活动和行为。比如早春蜂群放在向阳处，夏季蜂群置于阴凉处。白天适当的光照强度能刺激工蜂勤奋地工作，提高蜂群的抗逆力。

2. 湿度 蜜蜂通过采集水、食物和新陈代谢提高蜂巢湿度，采取扇风来降低湿度。正常蜂巢中的相对湿度在 75%~90%。蜜蜂室内越冬要求相对湿度为 75%~80%。生产季节，蜂巢内的相对湿度在 54%~66%，强群则保持在 55%，外界高温高湿蜜汁不易浓缩，巢房难以封盖；荷花或玉米花期，蜜蜂仅在上午 10 时以前湿度大时才能采到较多花粉；天气干旱影响多数植物泌蜜，也不利于蜜蜂采集枣花蜂蜜。早春繁殖时期阴雨连绵，蜂巢湿度加大则易使蜜蜂患病。小蜜蜂（黑小蜜蜂）必须在有水的地方生存。

3. 降水 降水可以改变湿度，从而影响蜜源植物的生长和泌蜜（图 1-57）。例如在云南野坝子花期，丰年里，雨季早（4~5 月），年降水集中在 6~9 月、800毫米以上；若降水推迟、年降水量在 600毫米以下，一般为野坝子蜜歉收年。在河南辉县市的荆条花期，干旱年份下一场雨，则可生产 1~2 次荆条花蜂蜜，因此当地有人说"下雨就是下蜜"。连绵的梅雨，加上气温低，蜂群易患欧洲幼虫病、孢子虫

图 1-57 干渴的玉米

病及下痢等疾病。

4.风 风主要影响蜜蜂活动。根据季风方向，把蜂群放在离蜜源较近的或树林中蜂路宽阔的地方，使蜜蜂逆风出行，满载顺风回巢。

另外，风会造成蜜蜂偏群且影响蜜源植物泌蜜。处在风口处的蜂场，蜂群繁殖会受到影响。在河南信阳地区，黄沙天气能使紫云英花流蜜突然终止，此时，如不及时转移蜂场，将面临爬蜂垮场的危险。

第二章
蜜粉源植物

蜜粉源植物一般是指能为蜜蜂提供花蜜、花粉的植物，也泛指能为蜜蜂提供各种采集物的植物，例如蜂胶、甘露等。蜜蜂的主要食料来自蜜粉源植物的花——花蜜腺分泌的花蜜和花药产生的花粉。一般来说，蜜粉源越好蜂越好养，蜜粉源越差蜂越难养。

第一节　蜜粉源植物概述

一、花的形态组成

花是植物的生殖器官，是果实、种子形成的基础。

一朵花由花柄（梗）、花托、花萼、花冠、雄蕊、雌蕊和蜜腺等部分组成（图2-1）。

二、花蜜、花粉生成

1.花蜜的产生　绿色植物光合作用所产生的有机物质，首先用于建造自身器官以及生命活动

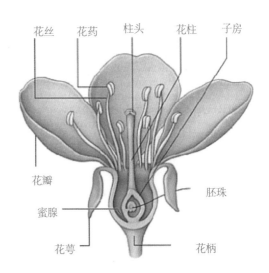

花丝　花药　柱头　花柱　子房　花瓣　蜜腺　花萼　花柄　胚珠

图2-1　桃花的结构
（引自 *BIOLOGY*，The Unity and Diversity of Life, EIGHTH EDITION）

过程的消耗，然后将剩余部分积累并贮存于某些器官的薄壁组织中，在开花时，则以甜汁的形式通过蜜腺分泌到体外，即花蜜（图2-2）。

2. **花粉的产生** 花粉是植物的（雄）性细胞，在花药里生长发育，植物开花时，花粉成熟从花药开裂处散放出来（图2-3）。

图2-2 花蜜的产生——蜜腺（一品红）
与分泌的甜汁

图2-3 飘落的花粉
（荒草 摄）

三、影响泌蜜散粉的因素

但凡开花植物，都有蜜粉，蜜粉多少受植物种类和地理环境等诸多因素的影响。

1. **生长环境** 同种植物，生长在南向坡地、沟沿比在阴坡、谷底的泌蜜和散粉多，生长在土层厚的比瘠薄土壤上的荆条泌蜜多，荞麦生长在沙壤土上，棉花生长在黑土上，就比生长在其他土壤上开花泌蜜和散粉丰富（图2-4，图2-5）。

2. **农业技术** 耕作精细、施肥适当、播种均匀合理，使植物生长健壮，分泌花蜜和散粉就多。据报道，施用磷钾肥能提高花蜜量。赤霉素的使素有河

图2-4 阳坡上的楸树——阳光充足，
花繁叶茂

图 2-5　平地上的丹参

南铁蜜粉源之称的枣花蜂蜜失去了产量；转基因技术的推广使原创下我国蜂蜜最高产的棉花无蜜可采。除草剂、农用激素、化肥等也影响着花蜜的丰歉。

3.**花的位置**　通常花序下部比上部的、主枝比侧枝的花蜜多、粉多。

4.**大年与小年**　椴树、荔枝、龙眼、枣、乌桕等蜜粉源，在正常情况下当年花多、果多、消耗多。此后，如果无法得到足够的营养补充时，就会造成第二年花少、蜜少、粉也少；而在人类干预下的果树，大、小年不太明显。

5.**光照和气温**　植物泌蜜和散粉都需要充足的阳光。例如采伐空地和山间旷地的蜜粉源植物比密林中的蜜粉源植物泌蜜多、散粉多。

适于植物泌蜜的温度一般在 15~30 ℃，当温度低于 10 ℃时，泌蜜减少或停止。如荔枝泌蜜适宜温度为 16~28 ℃，超出这个范围泌蜜减少。

6.**湿度和降雨**　适于分泌花蜜的相对空气湿度一般为 60%~80%。荞麦、枣树、椿树等花的蜜腺暴露在外，需要较高的湿度才能泌蜜，湿度越大，泌蜜越多，花粉成熟也是如此。花期如遇雨天多晴天少，植物泌蜜减少，也不利于蜜蜂出勤，但夜雨昼晴有利于芝麻泌蜜。

7.**风**　刮 4 级以上西北风，会使东北的荞麦花泌蜜减少或停止，花粉也会因刮风而使蜜蜂难以采集；相反，刮 1~2 级东南风，对东北荞麦花泌蜜散粉都有利。然而，宁夏固原的荞麦，花期内刮东南风，即干热风（火风），泌蜜减少，散粉不佳。河南息县、固始县的紫云英花期，如果遭遇黄风天气，泌蜜散粉就结束；而在枣花期，刮南风泌蜜好，刮东北风则泌蜜差。

8.**南北气候**　同一种植物，因所处纬度的不同，泌蜜量差异显著。一般纬度低的泌蜜量小，纬度高的泌蜜量大。

四、蜜粉源的分类与调查

1. 蜜粉源的分类　按提供材料性质可分为花蜜植物、粉源植物、甘露植物、蜜露植物、胶源植物等；以采集植物用途可分为作物蜜粉源、果树蜜粉源等；用养蜂生产价值大小可分为主要蜜粉源、辅助蜜粉源和有害蜜粉源等。

2. 蜜粉源的调查　调查蜜粉源种类、花期、面积、分布和价值，了解蜜粉源场地的天气情况和蜜粉源植物的生长好坏、大年和小年、是否受病害，以及当地群众对农药、除草剂、激素的应用等，然后制订生产计划，确定放蜂路线。

采集蜜粉源标本工具：采集镐、树枝剪、标本夹、采集箱和采集袋、标本纸、手持放大镜和钢卷尺、高度表（海拔表、气压表）和指北针、手电筒及蜡烛、标本采集记录册、标本号牌和定名标签、工作日记本、广口瓶和大小纸袋、解剖镜、镊子和解剖针，以及照相机、望远镜、雨衣、水壶、铅笔、小刀、橡皮等。

第二节　主要蜜粉源植物

凡是能生产大量商品蜂蜜或花粉的植物统称主要蜜粉源植物。

一、草本蜜粉源植物

1. 油菜　油菜属于十字花科油料作物（图 2-6）。我国南北均广泛栽培，四川绵阳、成都，青海，湖北，湖南，甘肃河西走廊是油菜蜜生产基地。1~8 月开花，开花

图 2-6　油菜

期约 30 天，泌蜜盛期 15 天左右。油菜花蜜、花粉丰富，繁蜂好，花期中可造脾 2~3 张，强群可取商品蜜 10~40 千克，产浆 2~3 千克，脱粉 3 千克。

2. **芝麻**　芝麻属于胡麻科油料植物 (图 2-7)。全国有 66.67 万公顷，河南栽培最多，湖北次之，安徽、江西、河北、山东等省种植面积也较大。7~8 月开花，花期 30 天，夜雨昼晴泌蜜多。芝麻花蜜粉丰富，花期中可产浆 2 千克、脱粉 2 千克和造脾 2 张，河南驻马店市每群蜂可采蜜 5~30 千克。

图 2-7　芝麻

3. **紫云英**　紫云英属于豆科绿肥和牧草（图 2-8）。生长在长江中下游流域，河南主要播种在光山、罗山、固始、潢川等县。1 月下旬至 5 月初开花，花期 1 个月，泌蜜期 20 天左右。紫云英泌蜜最适宜温度为 25 ℃，相对湿度为 75%~85%，晴天光照充足则泌蜜多。干旱、缺苗、低温阴雨、遇寒潮袭击以及种植在山区冷水田里，都会造成紫云英减少泌蜜或不泌蜜。在我国南部紫云英种植区，通常每群蜂可采蜜 20~30 千克，强群日进蜜量高达 12 千克，产量可达 50 千克以上。紫云英花粉橘红色，量大，营养丰富，可满足蜂群繁殖、生产王浆和采集花粉的需要。

图 2-8　紫云英

在蜜蜂采集紫云英花蜜当中，如刮黄风、沙风，紫云英不泌蜜，且伴有爬蜂病发生。

4. **毛叶苕子**　毛叶苕子属于豆科牧草、绿肥（图 2-9），江苏、安徽、四川、

图 2-9　毛叶苕子

陕西、甘肃、云南等省栽种多。毛叶苕子在贵州兴义3月中旬开花，四川成都4月中旬开花，陕西汉中4月下旬开花，江苏镇江、安徽蚌埠5月上中旬开花，山西右玉7月上旬开花。花期20天以上。每群蜂可取蜜15~40千克。

图2-10 光叶苕子

5. **光叶苕子** 光叶苕子属于豆科牧草、绿肥（图2-10），主要生长在江苏、山东、陕西、云南、贵州、广西和安徽等地。广西为3月中旬至4月中旬，云南为3月下旬至5月上旬，江苏淮安市、山东、安徽为4月下旬至5月下旬。开花泌蜜期25~30天。每群蜂常年可取蜜30~40千克，花粉粒黄色，对繁殖蜂群和生产蜂王浆、蜂花粉都有利。光叶苕子经蜜蜂授粉，产种量可提高1~3倍。

6. **老瓜头** 老瓜头属于萝藦科荒漠地带夏季草本蜜粉源植物，是草场沙漠化后优良的固沙植物（图2-11）。生长在库布齐、毛乌素两大沙漠边缘，如宁夏盐池、灵武，陕西的榆林地区古长城以北，内蒙古鄂尔多斯市。5月中旬始花，7月下旬终花，6月为泌蜜高峰期。老瓜

图2-11 老瓜头
（梁诗魁 摄）

头泌蜜适温为25~35℃。开花期如遇天阴多雨，泌蜜减少，下一次透雨，2~3天不泌蜜。花期每间隔7~10天下一次雨，生长旺盛，为丰收年。持续干旱开花前期泌蜜多，花期结束早。每群蜂可采50~100千克蜂蜜。老瓜头蜜与枣花蜜相似。

老瓜头场地常缺乏花粉，需要及时补充。

7. **党参** 党参属于桔梗科草本药材蜜粉源，以甘肃、陕西、山西、宁夏种植较多。党参花期从7月下旬至9月中旬，长达50天。党参花期长、泌蜜量大，3年生党参泌蜜好。每群蜂产量为30~40千克，丰收年高达50千克。

8. **荞麦** 荞麦属于蓼科粮食作物（图2-12）。全国每年播种面积约200万公顷，分布在甘肃、陕西北部、宁夏、内蒙古、山西、辽宁西部等地。花期8~10月，泌蜜

20 天以上。荞麦花泌蜜量大，花粉充足，适宜繁殖越冬蜂，或产浆 1~2 千克、脱粉 2 千克和造脾 2 张，每群能取蜜 20~50 千克。

二、木本蜜粉源植物

1. 荔枝 荔枝属于无患子科常绿乔木果树（图 2-13）。主要产地为广东、福建、广西，其次是四川和台湾，全国约有 6.7 万公顷。1~5 月开花，花期 30 天，泌蜜盛期 20 天。雌、雄开花有间歇期，夜晚泌蜜，泌蜜有大小年现象。荔枝树花多，花期长，泌蜜量大，每群蜂可取蜜 30~50 千克，西方蜜蜂兼生产蜂王浆。

图 2-13 荔枝花
（引自 郑元春）

2. 柑橘 柑橘属于芸香科常绿乔木或灌木类果树（图 2-14），分为柑、橘、橙 3 类。分布在秦岭、江淮流域及其以南地区。多数在 4 月中旬开花。群体花期 20 天以上，泌蜜期仅 10 天左右。意蜂群在 1 个花期内可采蜜 20 千克，中蜂群可采蜜 10 千克。柑橘花粉呈黄色，有利于蜂群繁殖。柑橘花期天气晴朗，则蜂蜜产量大，反之则减产。

蜜蜂是柑橘异花授粉的最好媒介，可提高产量 1~3 倍，通常每公顷放蜂 1~2 群，分组分散在果园里的向阳地段。

3. 龙眼 龙眼又称桂圆，属于无患子科常绿乔木、亚热带栽培果树（图 2-15）。海南和云南东南部有野生龙眼，以福建、广东、广西等地栽种最多，其次为四川和台湾。福建的龙眼集中在东南沿海各县市。龙眼树在海南 3~4 月

图 2-12 荞麦
（胡国琴 摄）

图 2-14 柑橘花

图 2-15 龙眼

开花，广东和广西4~5月，福建4月下旬至6月上旬，四川5月中旬至6月上旬。花期长达30~45天，泌蜜期15~20天。龙眼开花泌蜜有明显大小年现象，大年天气正常，每群蜜蜂可采蜜15~25千克，丰年可达50千克。龙眼花粉少，不能满足蜂群繁殖要求。由于龙眼花期正值南方雨季，是产量高但不稳产的蜜粉源植物。龙眼夜间开花泌蜜，泌蜜适宜温度为24~26℃。晴天夜间温暖的南风天气，相对湿度为70%~80%，泌蜜量大。花期遇北风、西北风或西南风不泌蜜。

图2-16　枣树
（赵运才　摄）

4. 枣树　枣树属于鼠李科落叶乔木或小乔木（图2-16）。分布在河南、山东、河北、陕西、山西、甘肃和新疆等省区。枣树在华北平原5月中旬至6月下旬开花，在黄土高原则晚10~15天。整个花期40天以上，其中泌蜜时间持续25~35天。通常1群蜂可采枣花蜜15~25千克，最高可达40千克。

枣花花粉少，单一的枣花场地所散花粉不能满足蜜蜂消耗。同时枣农施药和赤霉素使蜜蜂中毒，以及干旱天气加剧群势下降。

5. 枇杷　枇杷属于蔷薇科常绿小乔木果树（图2-17）。浙江余杭、黄岩，安徽歙县，江苏苏州吴中区和相城区，福建莆田、福清、云霄，湖北阳新等地栽培最为集中。枇杷在安徽、江苏、浙江11~12月开花，在福建11月至翌年1月，花期长达30~35天。枇杷在18~22℃、昼夜温差大的南风天气，相对湿度60%~70%的环境下泌蜜最多，蜜蜂集中在中午前后采集。刮北风遇寒潮不泌蜜。1群蜂可采蜜5~10千克，在河南郑州市蜜蜂可采足越冬饲料。枇杷花粉黄色，数量较多，有利于蜂群繁殖。

图2-17　枇杷

图2-18 刺槐

6. 刺槐 豆科落叶乔木（图2-18）。分布在江苏和安徽北部、胶东半岛、华北平原、黄河故道、关中平原、陕西北部、甘肃东部等地。刺槐开花，郑州和宝鸡是4月下旬至5月上旬，北京在5月上旬，江苏、安徽北部和关中平原为5月上中旬，长治为5月中旬，胶东半岛和延安5月中旬至5月下旬，秦岭和辽宁为5月下旬。开花期10天左右，每群蜂产蜜30千克，多者可达50千克以上。在同一地区，平原气温高先开花，山区气温低后开花，海拔越高，花期越延迟，花期常相差1周左右，所以，一年中可转地利用刺槐蜜粉源2次。

7. 椴树属 椴树属主要蜜粉源有紫椴和糠椴，落叶乔木（图2-19），以长白山和兴安岭林区最多、泌蜜最好。

紫椴花期在6月下旬至7月中下旬，开花持续20天以上，泌蜜15~20天。紫椴开花泌蜜"大小年"明显，但由于自然条件影响，也有大年不丰收、小年不歉收的情况。糠椴开花比紫椴迟7天左右，泌蜜期20天以上。泌蜜盛期强群日进蜜量达15千克，常年每群蜂可取蜜20~30千克，丰年达50千克。

8. 柃 柃，乔木，别名野桂花，为山茶科柃属蜜粉源植物的总称（图2-20）。柃在长江流域及其以南各省区市的广大丘陵和山区生长，江西的萍乡、宜春、铜鼓、修水、武宁、万载，湖南的平江、浏阳，湖北的崇阳等地，柃的种类多，数量大，开花期长达4个多月，

图2-19 椴树花、叶

是我国"野桂花"蜜的重要产区。柃花大部分被中蜂所利用，浅山区西方蜜蜂也能采蜜。同一种柃有相对稳定的开花期，群体花期10~15天，单株7~10天。不同种的柃交错开花，花期从10月到翌年3月。中蜂常年每群蜂产蜜20~30千克，丰年可达50~60千克。柃雄花先开，蜜蜂积极采粉，中午以后，雌花开，泌蜜丰富，在温暖的晴天，花蜜可布满花冠。柃花泌蜜受气候影响较大，在夜晚凉爽、晨有轻霜、白天无风或微风、天气晴朗、气温15℃以上的环境下泌蜜量大。在阴天甚至小雨天，只要气温较高，仍然泌蜜，蜜蜂照常采集。最忌花前过分干旱或开花期低温阴雨。

图2-20 柃
（尤方东 摄）

9. 荆条 荆条属于马鞭草科灌木丛（图2-21）。主要分布在河南山区、北京郊区、河北承德、山西东南部、辽宁西部和山东沂蒙山区。6~8月开花，花期40天左右。1个强群取蜜25~60千克，生产蜂王浆2~3千克。

荆条花粉少，加上蜘蛛、壁虎、博落回等天敌和有害蜜粉源的影响，多数地区采荆条的蜂场，蜂群群势下降。

图2-21 荆条

10. 乌桕 乌桕属于大戟科乌桕属蜜粉源植物（图2-22），其中栽培的乌桕和山区野生的山乌桕均为南方夏季主要蜜粉源植物。

（1）乌桕：落叶乔木。分布在长江流域以南各省区市，6月上旬至7月中旬开花，常年每群蜂可取蜜20~30千克，丰年可达50千克以上。

（2）山乌桕：落叶乔木。生长在江西省的赣州、吉安、宜春等地，湖北大悟、应山和红安，贵州的遵义，以及福建、湖南、

图2-22 乌桕

图2-23 桉树
（赵红霞 摄）

广东、广西、安徽等地。在江西6月上旬至7月上旬开花，整个花期40天左右，泌蜜盛期20~25天，是山区中蜂最重要的蜜粉源之一。每群蜂可取蜜40~50千克，丰收年可达60~80千克。

11. **桉树** 桉树泛指桃金娘科桉属的夏、秋、冬开花的优良蜜粉源植物,乔木(图2-23)。分布于四川、云南、海南、广东、广西、福建、贵州,6月至翌年2月开花,每群蜂生产蜂蜜5~30千克。

12. **野坝子** 野坝子属于唇形科多年生灌木状草本蜜粉源（图2-24）。主要在云南、四川西南部、贵州西部生长。10月中旬至12月中旬开花，花期40~50天。常年每群蜂可采蜜20千克左右，并能采够越冬饲料。花粉少，单一野坝子蜜粉源场地不能满足蜂群繁殖需要。

图2-24 野坝子花
（梁诗魁 摄）

第三节　辅助蜜粉源植物

　　辅助蜜粉源植物多分布范围小，或较分散，或泌蜜量不大，除个别地区外，不能够生产大宗商品蜜，但对蜂群的繁殖和产浆、脱粉等有重要价值（表2-1）。

表2-1　全国重要辅助蜜粉源植物简表

植物	科名	花期（月）	分布	价值（千克）			备注
				蜜	浆	粉	
茵陈蒿	锦葵科	8~9	南北各省区市			2	
棉花		7~9	新疆				
野菊花		10~11	河南、山西、陕西、甘肃	10		1	
槿麻		7~8	河南正阳、信阳	35			甘露蜜
桔梗	桔梗科	6~9	安徽亳州、河南等地	15			
茶叶树	山茶科	10~12	浙江、福建、云南、河南		2	5	用糖喂蜂防烂子
荷花	睡莲科	6~9	湖南、湖北、河南			3~4	
五味子	木兰科	5	河南、湖北、陕西、甘肃	10		1~2	
牛膝	苋科	6~9	河南焦作地区	15			
小茴香	伞形科	7~8	内蒙古托县、山西朔州	35		供繁殖	
韭菜	葱科	8~9	河南浚县	5~8		供繁殖	
枸杞	茄科	5~6	全国各地	10	供繁殖		宁夏可取蜜
烟叶		7~8	河南、云南	10			
辣椒		7~8	河南漯河市、三门峡市	5		供繁殖	
冬瓜	葫芦科	7~8	全国各地	10		供繁殖	
西瓜		5~7	广泛栽培	25		2.5	
花椒	芸香科	4~5	山区	15		供繁殖	
柿树	柿树科	5	黄河中下游各地及华中山区栽培最多	10			
君迁子		5	河南、山西	8			多被中蜂利用
沙枣	胡颓子科	5~6	东北、华北及西北	5			
黄连	小檗科	3~4	云南、四川等	10			个别年份可取蜜
板栗	壳斗科	5~6	辽宁、河北、黄河流域及其以南	供繁殖		2	
猕猴桃	猕猴桃科	6	河南西峡县、浙江江山市	供繁殖		1	
女贞	木樨科	5~7	湖南、江西、河南	5		供繁殖	
鹅掌柴	五加科	10月至翌年1月	福建、台湾、广东、广西、海南、云南	10~20			

（续表）

植物	科名	花期（月）	分布	价值（千克）蜜	浆	粉	备注
泡桐	玄参科	3~5	全国各地，以河南最多	20			粉苦，供繁殖
椿树	苦木科	5~6	华北、西北、华东	10			
水锦树	茜草科	3~4	广东、广西	供繁殖		供繁殖	
柳树	杨柳科	3	全国各地	5~8		1	
冬青	冬青科	3~5	长江流域及其以南、郑州	10			
六道木	忍冬科	5~6	河北、山西、辽宁、内蒙古	10			
漆树	漆树科	5~6	秦岭、河南三门峡市	25			多数为混合蜜
盐肤木	漆树科	8~9	长江流域及其以南	8			
酸枣	鼠李科	5~6	河南、河北、山西、山东、甘肃、陕西等省的山区	20			山区中蜂可取蜜
梨树	蔷薇科	4	全国各地	5		供繁殖	
山楂	蔷薇科	5	河南太行山区，山西沁水、阳城以及山东	供繁殖		2	
桃树	蔷薇科	3	全国各地	供繁殖		1.5	
杏树	蔷薇科	3~4	东北南部、华北、西北等黄河流域	供繁殖		2	
苹果	蔷薇科	4~5	辽宁、河北、山西、山东、陕西、宁夏、甘肃、河南	8		供繁殖	三门峡市可取蜜
橡胶树	大戟科	3~4月为主花期，5~7月二次开花，少数8~9月开花	广西、海南和云南西双版纳	10~15			甘露蜜
白刺花	豆科	5	陕西、甘肃、山西、河南、云南	20~30			
野皂荚	豆科	5~6	河南省太行山、伏牛山和山西、陕西	8		1~2	
胡枝子	豆科	7~8	长白山和兴安岭山区	15~50		4~5	
田菁	豆科	8~9	江苏、浙江、福建、台湾、广东	15		供繁殖	中蜂利用
槐树	豆科	7~8	全国普遍种植	8			绿化树种
苦参	豆科	7	河南、山西、陕西、甘肃、湖北	15			多为混合蜂蜜
九龙藤	豆科	9~10	浙江、江西、福建、台湾、湖北、湖南、广东、海南、广西、贵州				蜜味苦
车轴草	豆科	4~9	江苏、江西、浙江、安徽、云南、贵州、湖北、辽宁、吉林、黑龙江、河南	5 10~20			白车轴草红车轴草
白香草木樨	豆科	6~8	陕西、内蒙古、辽宁、黑龙江、吉林、河北、甘肃、宁夏、山西、新疆	20~40			
紫花苜蓿	豆科	5~8	陕西、新疆、甘肃、山西	80		粉少	多年生栽培牧草
山葡萄	葡萄科	5~6	太行山和伏牛山、山西、东北	10		2~3	
葎草	大麻科	7~8	全国各地	供繁殖			
毛水苏	唇形科	6~9	黑龙江饶河两岸、河南、内蒙古等	100~150			
柴荆芥	唇形科	8~10	河北、河南、山西、陕西、甘肃	10		供繁殖	

（续表）

植物	科名	花期（月）	分布	价值（千克）			备注
				蜜	浆	粉	
益母草	唇形科	6~9	全国各地	15		供繁殖	
夏枯草		5~6	河南确山县	15			
丹参		4~5	河南、四川、山东、浙江	20		供繁殖	
薄荷		7~8	江苏、河南、浙江、安徽、河北有栽培，新疆有野生	10			集中种植区可取蜜
密花香薷		7~9	河南、宁夏、青海、甘肃、新疆	20~50			
铜锤草	酢浆草科	3~11	全国各地	15		供繁殖	城市5~6月可取蜜
栾树	无患子科	6~9	南北各地			1~2	绿化树
玉米	禾本科	6~7	广泛栽培			3~5	
水稻		4~9	广泛栽培			1.5	
红树林	红树科		广西、广东、台湾、海南、福建、香港、澳门和浙江南部				也称红树植物，生长在热带、亚热带淤泥质海滩
向日葵	菊科	7~8	黑龙江、辽宁、吉林、内蒙古、山西、陕西	30~50		5	

第四节 有害蜜粉源植物

有害蜜粉源植物是指产生的花蜜或花粉含有毒生物碱或不易消化的多糖类物质，对蜂或人有毒害作用。我国主要有害蜜粉源植物见表2-2。

表2-2 主要有害蜜粉源植物

植物	别名	科名	花期（月）	分布	植物识别	蜜、粉特点	有害成分	备注
雷公藤	黄蜡藤、菜虫药	卫矛科	6~7	长江以南、华北至东北山区	藤状灌木，蜜腺外露	蜜深琥珀色，味苦带涩味	雷公藤碱	对人有毒，于蜂无害
紫金藤	大叶青藤、昆明山海棠，白背雷公藤、山砒霜		6~8	福建、云南、广西		蜜深琥珀色，有苦涩味		蜜多、粉少，对人有毒
苦皮藤	苦树皮、棱枝南蛇藤、马断肠		5~6	甘肃、陕西、河南、山东、安徽、广东、广西、江西、江苏、四川、贵州	藤状灌木	蜜水白透明，质地浓稠		蜜多、粉少。导致蜜蜂腹部胀大、身体痉挛、尾部变黑，吻伸出呈钩状

（续表）

植物	别名	科名	花期（月）	分布	植物识别	蜜、粉特点	有害成分	备注
博落回	号筒杆、野罂粟、黄薄荷	罂粟科	6~7	河南、湖南、湖北、江西、江苏、浙江	草本	花粉香气浓郁		蜜少、粉多，花粉对蜂幼虫有伤害
藜芦	山葱、老旱葱	百合科	6~7	东北三省、山东、内蒙古、甘肃、新疆、四川、河北	草本		藜芦碱	蜜多、粉多，蜜粉有毒，引起蜜蜂抽搐、痉挛
曼陀罗	醉心草、狗核桃	茄科	6~10	东北、华北、华南	草本，直立			有蜜有粉，对蜂有毒
油茶	茶籽树、茶油树	山茶科	9~12	广东、广西、湖南、湖北、浙江、江西、福建、四川、台湾	常绿灌木或小乔木			蜜、粉丰富，对蜂有害。引起幼虫腐烂，呈灰白色或乳白色，失去环纹，瘫在房底，并发出酸臭味；引起成年蜜蜂腹部膨大透明，震颤发抖，箱内外死亡

第三章
养蜂的工具与设备

养蜂工具，是一般蜂场不可缺少的饲养、操作物品，有些能自制，多数靠购买；养蜂设备，为大型养蜂场或工厂（公司）所需。

第一节　基本工具

一、蜂箱

蜂箱是供蜜蜂繁衍生息的封闭场所，现在使用最广泛的是通过向上叠加继箱扩大蜂巢的叠加式蜂箱，也叫活框蜂箱，主要有郎氏十框标准蜂箱（图3-1），在此基础上改进的有十二框蜂箱、十六框蜂箱等。在我国，制造蜂箱的木材以杉木和红松为主（河南省也用桐木制作）。

（一）蜂箱的基本结构

活框蜂箱，由巢框、箱体、箱盖、副盖、隔板、巢门档等部件和闸板等附件构成。

1.箱盖　在蜂箱的最上层，用于保护蜂巢免遭日晒、风吹和雨淋，并有

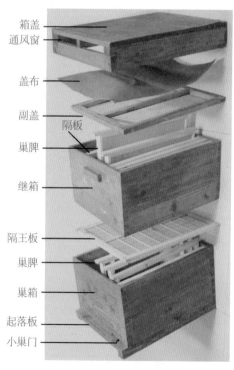

箱盖　通风窗　盖布　副盖　隔板　巢脾　继箱　隔王板　巢脾　巢箱　起落板　小巢门

图3-1　（中国）郎氏十框标准蜂箱结构

维持箱内温、湿度的功能。

2.**副盖** 盖在箱体上、箱盖下，防止蜜蜂从上出入。铁纱副盖须配备 1 块与其大小相同的布覆盖，木板副盖或盖布起保温、保湿和遮光作用。

3.**隔板** 形状和大小与巢框基本相同的一块木板，厚度 10 毫米。每个箱体配置 2 块，使用时悬挂在蜂箱内巢脾的外侧，避免巢脾外露，减少蜂巢温、湿度的散失，防止蜜蜂在箱内多余的空间筑造赘脾。

4.**闸板** 形似隔板，宽度和高度分别与巢箱的内围长度和高度相同。用于把巢箱纵隔成互不相通的两个或多个区域（图 3-2）。

5.**巢门板** 巢门堵档，具有可开关和调节巢穴口大小的小木块。

6.**箱底** 蜂箱的最底层，有活底和死底两种，用于保护蜂巢。

7.**箱体** 包括巢箱和继箱，都是由 4 块木板合围而成的长方体，箱板采用 L 形槽接缝，四角开直榫相结合。箱体上沿开 L 形槽——框槽，支撑巢框。

（1）巢箱：是最下层箱体，供蜜蜂繁殖（图 3-2）。

（2）继箱：叠加在巢箱上方，扩大蜂巢。

继箱的长和宽与巢箱相同，高度与巢箱相同的为深继箱，巢框两者通用；高度约为巢箱 1/2 的为浅继箱，其巢框也约为巢箱的 1/2，用于生产蜂蜜或饲料箱。

8.**巢框** 由上梁、侧条和下梁构成（图 3-3），用于固定和保护巢脾，悬挂在框槽上，可水平调动和从上方提出。意蜂巢框上梁腹面中央开一条深 3 毫米、宽 6 毫米的槽——础沟，为巢框承接巢础处。

图 3-2 巢箱与闸板

图 3-3 巢框结构

（二）常用蜂箱的尺寸

1.意蜂郎氏双箱体蜂箱 由巢箱与继箱组成，巢脾通用，适合在中国饲养西方蜜蜂（图3-4），其制作图解见图3-5。

2.意蜂郎氏多箱体蜂箱 由繁殖箱体和多个浅继箱组成（图3-6），都是由4块厚22毫米木板拼接的立方体。前者内围长465毫米、宽380毫米、高243毫米，后者高度有144毫米、154毫米、168毫米、194毫米，生产盒、格巢蜜的高度有114毫米、122毫米、140毫米、144毫米、168毫米等。

图3-4 （中国）郎氏十框标准蜂箱

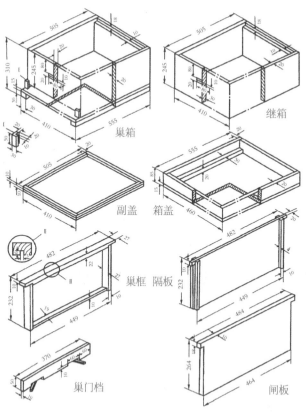

图3-5 （中国）郎氏十框标准蜂箱结构
（单位：毫米）
（引自《中国实用养蜂学》）

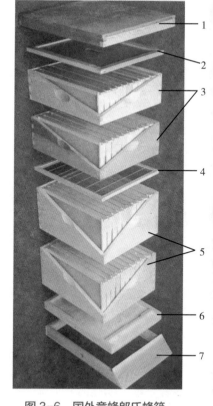

图3-6 国外意蜂郎氏蜂箱
1.箱盖 2.副盖 3.浅（贮存蜂蜜）箱体
4.隔王板 5.深（繁殖）箱体 6.箱底 7.箱架
（引自 www.draperbee.com）

活动箱底，带箱架，有些在箱盖下加上 1 个箱顶饲喂器，以及在箱底设有通风架和脱粉装置，以及在箱盖下加上 1 个箱顶饲喂器等。箱底变化，可用于生产蜂花粉，清扫杂物。箱顶饲喂器采用木板或塑料制成，长度和宽度与蜂箱的相同，但高度仅60~100 毫米，盛糖浆量约 10 千克。适合意大利蜂定地饲养，进入 21 世纪以来，我国有使用这种箱型养蜂的趋势。多变的箱底，可用于生产蜂花粉，清扫杂物。

近两年来，随着我国大力开发、推广多箱体成熟蜜生产进程，定地和小转地蜂场逐步将双箱体养蜂改为多箱体、活底箱生产，不但产量没有降低，而且蜂蜜质量得到大幅提高。

3. 中蜂标准蜂箱　即 GB 3607—83 蜂箱，适合我国中蜂在部分地区饲养，其制作图解见图 3-7。

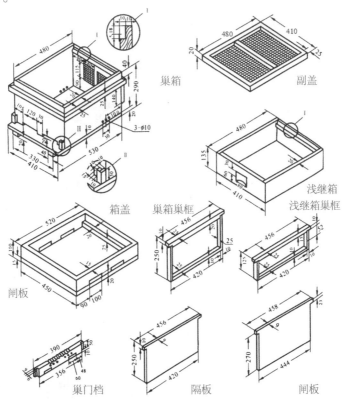

图 3-7　中蜂十框标准蜂箱（单位：毫米）
（引自《中国实用养蜂学》）

二、巢础

巢础是采用蜂蜡或无毒塑料制造的具有蜜蜂巢房房基的蜡片（图 3-8），使用时镶嵌在巢框中，工蜂以其为基础分泌蜡液将房壁加高而形成完整的巢脾。巢础可分为

图 3-8　巢础

意蜂巢础和中蜂巢础、工蜂巢础和雄蜂巢础、巢蜜巢础等。

现代养蜂生产中，有些用塑料代替蜡质巢础，或直接制成塑料巢脾替代蜜蜂建造的蜡质巢脾。

第二节　生产设备

一、取蜜器械

（一）分离蜂蜜器械

1.分离机　利用离心力把蜜脾中的蜂蜜甩出来的工具，由桶身、框笼、动力装置组成。

（1）弦式分蜜机：蜜脾在分蜜机中，脾面和上梁均与中轴平行，呈弦式排列的一类分蜜机。目前，我国多数养蜂者使用两框固定弦式分蜜机（图3-9），特点是结构简单、造价低、体积小、携带方便，但每次仅能放2张脾，需换面，效率低。动力来自人工。

（2）辐射式分蜜机：多用于专业化大型养蜂场。蜜脾在分蜜机中，脾面与中轴在一个平面上，下梁朝向并平行于中轴，呈车轮的辐条状排列，蜜脾两面的蜂蜜能同时分离出来（图3-10）。

大型的动力来自电力，小型的动力来源于人工。

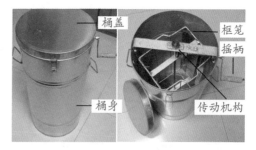

图 3-9　分蜜机——两框固定弦式分蜜机

图 3-10　分蜜机——辐射式分蜜机

2. 脱蜂器 清除附着在巢脾上的蜜蜂。

（1）蜂刷：我国通常采用白色马尾毛和马鬃毛制作蜂刷（图3-11），刷落蜜脾、产浆框和育王框上的蜜蜂。

（2）吹蜂机：由1.47~4.41千瓦的汽油机或电动机作动力，驱动离心鼓风机产生气流，通过输气管从扁嘴喷出，将支架上继箱里的蜜蜂吹落。

图3-11 蜂刷

（3）脱蜂板：图3-12是重三角形脱蜂板，类似箱盖，内围尺寸与箱体一样，内高25毫米左右，中央开55毫米的圆孔，3根20毫米的方木条作内三角形边，3根宽32毫米、厚20毫米木条作外三角形边，内外木条间距18毫米，同一三角形端部缝隙6毫米，固定在圆孔周围，其上再钉纱网。使用时，置于取蜜继箱和下箱体之间，平面在上（图3-12）。

（4）手持脱蜂器：由振动器、巢脾夹、电源和手动开关等构成，利用快速振动使蜜蜂脱落。

3. 割蜜刀 采用不锈钢制造，长约250毫米、宽35~50毫米、厚1~2毫米（图3-13），用于切除蜜房蜡盖。

图3-12 重三角形脱蜂板

（康新亚 摄）

电热式割蜜刀刀身长约250毫米、宽约50毫米，双刃，重壁结构，内置120~400瓦的电热丝，用于加热刀身至70~80℃。

4. 过滤器 O.A.C.连续净化蜂蜜的过滤器，由1个外桶、4个网眼大小不一[20~80目（目为非法定计量单位，表示每平方英寸上的孔数）]的圆柱形过滤网等部分构成。

图3-13 割蜜刀

（二）巢蜜生产工具

有巢蜜盒和巢蜜格2种（图3-14），用时镶嵌在巢框（或支架）中，并与小隔板共同组合在巢蜜继箱中，供蜜蜂贮存蜂蜜。

（三）榨蜜器械

分离蜂桶或野生蜜蜂的蜂蜜时，常用螺杆式榨

图3-14 左：巢蜜盒

右：巢蜜格

蜜器或油压式榨蜜机榨取（图3-15，图3-16）。

二、产浆工具

1. **台基条**　采用无毒塑料制成，多个台基形成台基条（图3-17，图3-18）。目前采用较普遍的台基条有33个台基。

图3-15　螺杆式榨蜜器

图3-16　油压式榨蜜机

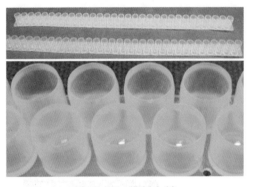

图3-17　塑料台基
上：双排浆条　　下：浆条局部

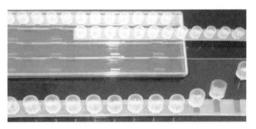

图3-18　塑料台基条——带有底座的王台王浆专用台基

2. **移虫笔**　把工蜂巢房内的蜜蜂幼虫移入台基育王或产浆的工具。采用牛角舌片、塑料管、幼虫推杆、弹簧等部件制成（图3-19）。

3. **王浆框**　用于安装台基条的框架，采用杉木制成（图3-20）。外围尺寸与巢框一致，上梁宽13毫米，厚20毫米；边条宽13毫米，厚10毫米；台基条附着板宽13毫米，厚5毫米。

4. **刮浆板**　由刮浆舌片和笔柄组装构成（图3-21）。刮浆舌片采用韧性较好的塑料或橡胶片制成，呈平铲状，可更换，刮浆端

图3-19　移虫笔

图3-20　王浆框

图3-21　刮浆板

图3-22　镊子

图3-23　王台清蜡器

图3-24　脱粉器

图3-25　接粉盒

图3-26　副盖式采胶器

的宽度与所用台基纵向断面相吻合；笔柄采用硬质塑料制成，长度约100毫米。

5. 镊子　不锈钢小镊子（图3-22），用于捡拾王台中的蜂王幼虫。

6. 王台清蜡器　由形似刮浆器的金属片构成，有活动套柄可转动（图3-23），移虫前用于刮除王台内壁的赘蜡。

生产蜂王浆还需要割蜜刀，用于削除加高的王台台壁。食品包装用塑料瓶或5升塑料壶等盛装蜂王浆。

三、其他生产工具

（一）脱粉工具

生产蜂花粉，可在巢门，也可在箱底进行。我国多在巢门生产，其工具是巢门式蜂花粉截留器，即脱粉器（图3-24），由孔圈和木架组成，孔径一般在4.6~4.9毫米，蜜蜂通过孔进巢时，后足两侧携带的花粉团被截留（刮）下来，下边接粉盒承接（图3-25）。

截留器刮下蜂花粉团率一般要求在75%左右。

（二）集胶器械

尼龙纱网，40~60目的无毒塑料纱网，双层置于副盖下或覆布下。

副盖式采胶器（图3-26）相邻竹丝间隙2.5毫米，一方面作为副盖使用，另一方面可聚积蜂胶。

（三）采毒器具

蜜蜂电子自动取毒器由电网、集毒板和电子振荡电路构成。电网采用塑料栅板电镀而成。集毒板由塑料薄膜、塑料屉框和玻璃板构成。电源电子电路以3伏直流电（2节5号电池），通过电子振荡电路间隔输出脉冲电压作为电网的电源，同时由电子延时电路自动控制电网总体工作时间（图3-27）。

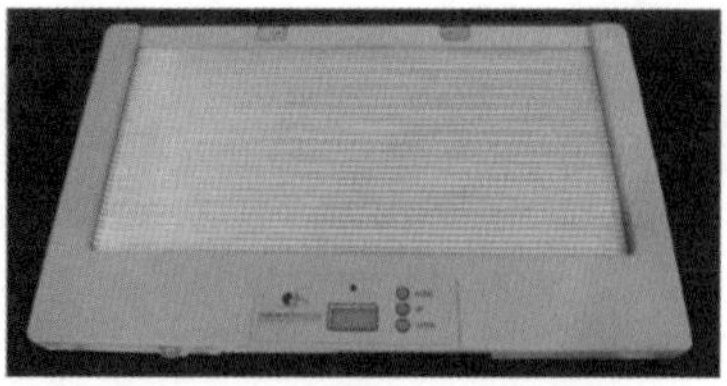

图3-27 电子自动取毒器

（四）制蜡工具

制蜡工具有电热榨蜡器、螺杆榨蜡器和日光晒蜡器，以螺杆榨蜡器常用。螺杆榨蜡器以螺杆下旋施压挤出蜡液，它的出蜡率和工作效率均较高。我国使用的螺杆榨蜡器由榨蜡桶、施压螺杆、上挤板、下挤板和支架等部件构成（图3-28）。榨蜡桶采用直径为10毫米的钢筋排列焊接而成，桶身呈圆柱形，直径约350毫米；组成桶身钢筋之间的间隙作为出蜡口。施压螺杆由1~2吨的千斤顶供给动力，榨蜡时下行对蜂蜡原料施压挤榨。上、下挤板采用金属制成，其上有许多孔或槽，供导出提炼出的蜡液。榨蜡时，下挤板置于桶内底部，上挤板置于蜂蜡原料上方。支架和上梁采用金属或坚固的木材制成。

图3-28 螺杆榨蜡器

第三节 辅助工具与设备

一、管理工具

1.起刮刀 采用优质钢锻成，用于开箱时撬动副盖、继箱、巢框、隔王板，刮铲蜂胶、赘脾及箱底污物和起小钉等，是管理蜂群不可缺少的工具（图3-29）。

图3-29 起刮刀

2. **巢脾夹** 用不锈钢制造，用于抓起巢脾（图3-30）。

图3-30 巢脾夹

二、防护工具

1. **蜂帽** 用于保护头部和颈部免遭蜜蜂蜇刺，有圆形和方形两种（图3-31），其前向视野部分采用黑色尼龙纱网制作。圆形蜂帽采用黑色纱网和尼龙网制作，为我国养蜂者普遍使用；方形蜂帽由铝合金或铁纱网制作，多为国外养蜂者采用。

2. **喷烟器** 风箱式喷烟器由燃烧炉、炉盖和风箱构成，以燃烧艾草、木屑、松针等喷发烟雾来镇压蜜蜂的反抗（图3-32，图3-33）。

图3-31 蜂帽

图3-32 风箱式喷烟器

图3-33 烟炮

3. **养蜂服** 用于保护全身免遭蜜蜂蜇刺，分衣服和手套两部分。

（1）防护衣服：采用白布缝制，袖口和下口（或裤脚）都有松紧带，以防蜜蜂进入。养蜂工作衫常与蜂帽连在一起，蜂帽不用时垂挂于身后。养蜂套服通常制成衣裤连成一体的形式，前面装有拉链（图3-34）。

（2）防护手套：由质地厚、密的白色帆布缝合制成，长及肘部，端部粘有橡胶膜或直接用皮革制成，袖口采用能松紧的橡胶带缩小缝隙，用于保护手部（图3-35）。

图3-34 防护服

图 3-35　防护手套

图 3-36　塑料喂蜂盒

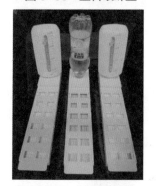

图 3-37　巢门喂蜂器

图 3-38　平面隔王板

图 3-39　立面隔王板

三、饲养工具

用来盛装糖浆、蜂蜜和水供蜜蜂取食。

1. 塑料喂蜂盒　由一头小盒和一头大盒组成，小盒喂水，大盒喂糖浆（图3-36）。

2. 巢门喂蜂器　由容器（瓶子）和吮吸区组成（图3-37）。

四、限王工具

限制蜂王活动范围的工具，有隔王板和王笼等。

1. 隔王板　有平面和立面2种，均由隔王栅片镶嵌在框架上构成。它使蜂巢隔离为繁殖区和生产区，即育虫区与贮蜜区、育王区和产浆区，以便提高产量和质量。

（1）平面隔王板：使用时水平置于上、下两箱体之间，把蜂王限制在育虫箱内繁殖（图3-38）。

（2）立面隔王板：使用时竖立插于巢箱内，将蜂王限制在巢箱选定的巢脾上产卵繁殖（图3-39）。

2. 蜂王产卵控制器　由立面隔王板和局部平面隔王板构成（图3-40），把蜂王限制在巢箱特定的巢脾上产卵，而巢箱与继箱之间无隔王板阻拦，让工蜂顺畅地通过上下继箱，以提高效率。在养蜂生产中，应用于雄蜂蛹的生产和机械化或程序化蜂王浆的生产。

3. 王笼　秋末、春初断子治螨和换王时，常用来禁闭老王或包裹报纸介绍蜂王（图3-41）。

4. 蜂王产卵节制套　一种控制蜂王产卵的轻薄塑料套筒，一端敞口平齐，一端小口，敞口与小口之间裁开（图3-42）。使用时卡在蜂王腹部，使其不能自由弯曲产卵，但能自由活动。

图3-40　蜂王产卵控制器

五、上础工具

1. 埋线板　由1块长度和宽度分别略小于巢框的内围宽度和高度、厚度为15~20毫米的木质平板，配上两条垫木构成（图3-43）。埋线时置于框内巢础下面作垫板，并在其上垫一块湿布（或纸），防止蜂蜡与埋线板粘连。

2. 埋线器

（1）烙铁式埋线器：由尖端带凹槽的四棱柱形铜块配上手柄构成（图3-44）。使用时，把铜块端置于火上加热，然后手持埋线器，将凹槽扣在框线上，轻压并顺框线滑过，使框线下面的础蜡熔化，并与框线黏合。

（2）齿轮式埋线器：由齿轮配上手柄构成。齿轮采用金属制成，齿尖有凹槽（图3-44）。使用时，凹槽卡在框线上，用力下压并沿框线向前滚动，即可把框线压入巢础。

（3）电热式埋线器：有电齿轮等多种式样（图3-45，图3-46），电流通过框线时产生热量，将蜂蜡熔化，断开电源，

图3-41　王笼

图3-42　蜂王产卵节制套
（胡昊华　摄）

图3-43　埋线板

图3-44　埋线器

图3-45　电热齿轮式埋线器

图3-46　电热埋线

框线与巢础黏合。输入电压 220 伏
（50 赫兹），埋线电压 9 伏，功率
100 瓦，埋线速度为每框 7~8 秒。

　　3. **础沟罐蜡器**　用于将巢础
固定在巢框上梁腹面或础线上 (图
3-47-1)。

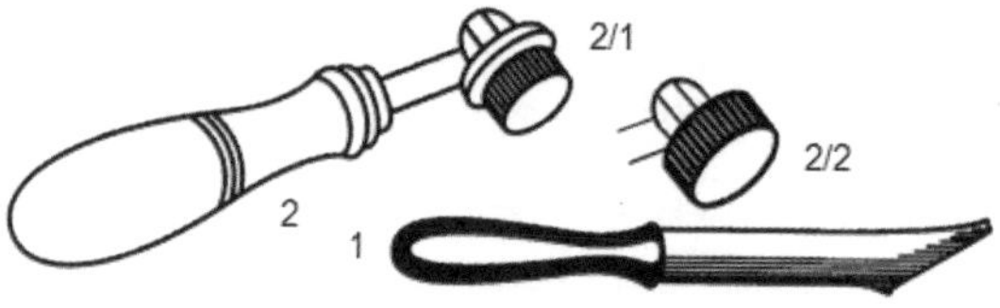

图 3-47　巢础固定器
1. 蜡管　2. 压边器　2/1. 轮　2/2. 巢蜜础轮
（引自《中国实用养蜂学》）

　　蜡管采用不锈钢制成，由蜡液
管配上手柄构成。使用时，把蜡管插入熔蜡器中装满蜡液，握住蜡管的手柄，并用大
拇指压住蜡液管的通气孔，然后提起灌蜡。灌蜡时将蜡液管的出蜡口靠在巢框上梁腹
面础沟口上，松开大拇指，蜡液即从出蜡口流出，沿着槽口移动灌蜡。整个础沟都灌
上蜡液，即完成巢框的灌蜡固定巢础工作。

　　4. **压边器**　由金属辊配上手柄构成（图 3-47-2），用于将巢础压粘在巢框上或
巢蜜格础线上。

六、捕蜂工具

　　1. **尼龙捕蜂网**　由网圈、网袋、网柄三部分组成。网柄由直径 2.6~3 厘米，长为
40 厘米、40 厘米、45 厘米的三节铝合金套管组成，端部有螺丝，用时拉开、螺紧，
长可达 110 厘米，不用时互相套入，长只有 45 厘米，似雨伞柄。网圈由四根直径 0.3
厘米、长 27.5 厘米的弧形镀锌铁丝组成，首尾由铆钉轴相连，可自由转动，最后两
端分别焊接与网柄端部相吻合的螺丝钉和能穿过螺丝钉的孔圈，使用时螺丝钉固定在
网柄端部的螺丝上。网袋用白色尼龙纱制作，袋长 70 厘米，袋底略圆，直径 5~6 厘米，
袋口用白布镶在网圈上（图 3-48）。

　　使用时将网从下向上套住蜂团，轻轻一拉，蜂球便落入网中，顺手把网柄旋转
180°，封住网口，提回，收回的蜜蜂要及时放入蜂箱。

　　2. **聚蜂工具**　主要有收蜂笊篱（图 3-49）、聚蜂斛（图 3-50）、聚蜂笼（图

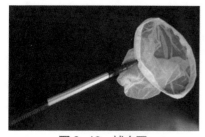

图 3-48　捕虫网

图 3-49　收捕工具——笊篱

3-51）等，适合中蜂的收捕。用荆条编成长 30 厘米左右、宽约 20 厘米的手掌状笊篱，笊篱两侧略向内卷，中央腹面略凹进，末尾收缩成柄，并在笊篱的中央系上 2~3 个布条，以便蜜蜂攀附。

图 3-50　聚蜂斛

图 3-51　聚蜂笼

七、运蜂工具

1. 固定工具　把箱内巢脾和隔板等部件与箱体、上下箱体间连成牢固的整体，以抵御运输途中各种震动，保证蜜蜂安全。

（1）巢框的固定：有距离卡、框卡条、海绵条，另外，还可用铁钉从蜂箱前后壁穿过箱壁钉牢巢脾侧条（图 3-52）。

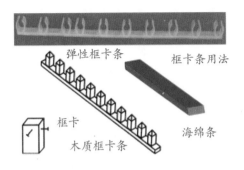

图 3-52　巢框固定工具

（2）箱体的连接：常见的有插接、扣接和机械结合绳索捆绑 3 种（图 3-53）。

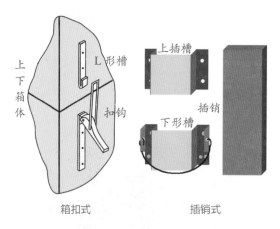

图 3-53　箱体连接工具

图 3-54　养蜂专用卡车

图 3-55　液体药热力雾化器

2.运载工具

（1）放蜂车：由驾驶室、生活和工作车间、车厢组成（图 3-54）。配置车载 GPS 卫星导航、车厢前部拥有独立的生活空间、车顶设有太阳能发电系统、液晶电视、冰柜、燃气热水器、空调等现代化设施，车厢设有蜂箱移动、固定装置，可装载蜂群 200 箱左右，携带蜂蜜 5 吨左右。

（2）装卸设备：蜂箱装载机与托盘相结合，将成组摆放在托盘上的蜂群，装上运输车或从车上卸下来。

八、保蜂工具

（一）治螨工具

1.治螨器　由加热装置、喷药装置、防护罩和塑料器架等部件组成（图 3-55），药液在输送到喷雾口的过程中被加热雾化，通过巢门或缝隙喷入蜂箱防治螨。

使用时，采用丁烷气作燃料、选择双甲脒药液。首先检查丁烷气阀门处于关闭状态，然后旋下气罐容器，放进刚打开盖的丁烷气罐，并立即把该容器重新装好。接着旋下药液罐，装满双甲脒药液（如药液含有杂质，则必须经过过滤处理），确保装好后打开丁烷气的阀门，点火，预热蛇管约 2 分钟，再按压塑料器架上部的按钮，将药液送入被加热的蛇管汽化，同时，把喷汽嘴对准蜂箱巢门，经雾化的药液喷入蜂巢进行治螨。

注意事项：在使用过程中，当药液雾化颗粒较大时，应停止送药，升高蛇形管温度，再送药，使其充分汽化，提高治螨效果。

2.手动喷雾器　由喷头、塑料管、压力杆和塑料药罐组成（图 3-56），结构简单，

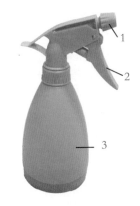

图 3-56　手动喷雾器
1.喷头 2.压力杆 3.药罐

易购易用。用手给予压力，将药液雾化后喷洒蜂体，防治蜂螨较好。缺点是给药不均匀，费工费力费时。

3.**草酸雾化器**　由电瓶供给能量，加热药液雾化，通过巢门导入蜂箱（图3-57），关闭巢门10分钟左右。这种器械防治蜂螨工效较高，用药均匀。

（二）保蜂罩

由经丝和纬丝编织铝箔反光膜层、红冰丝层、炭黑蔽光层和透明红静蜂层，依次叠加并通过缝合或热压合或黏合的方式相互连接在一起，下面三层横截面呈瓦沟状（图3-58）。覆盖蜂箱，起到反光、蔽光、保温、透气等作用。

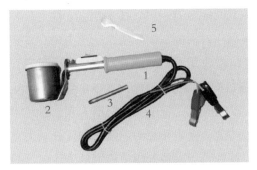

图 3-57　草酸雾化器
1.手柄及供电开关　2.药罐兼雾化罐
3.出烟导管　4.电源线　5.塑料药勺

图 3-58　保蜂罩
（李福州　摄）

九、养蜂部分机械

（一）人工授精设备

一种人工使蜂王受孕的器械，多用于蜜蜂纯种繁育、杂交组配以及遗传研究等。主要由注射器、针头、背钩、腹钩、探针、操纵装置、蜂王麻醉室、底座和支架（图3-59），另外还需配套二氧化碳贮瓶（或发生器）、体视显微镜、气体导管等，有些还配置计算机和显示屏。专门的育王单位还须配置雄蜂取精用的笼子、吸管、精液贮藏和漂洗器械或装置。

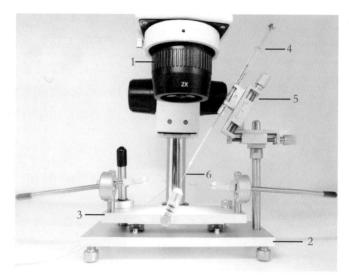

图 3-59　JFY-6 型蜜蜂人工授粉仪
1. 体视显微镜　2. 底座和支架　3. 移动平台
4. 注射器　5. 导轨　6. 授精针头
（李志勇　摄）

　　蜜蜂人工授精仪的底座通常是一块钢板，其两端各有一根立柱。左边立柱上装着腹钩，右边立柱上装着背钩、微量注射器和操纵注射器的三向导轨，底座中央对着操作人员的一组部件是固定蜂王的麻醉室。蜂王麻醉室用有机玻璃管制成，由一个套管和一根管芯组成：套管内径 6.5 毫米，上部圆口向内收缩，内径 4.5~5.0 毫米，可使装入蜂王的腹末端暴露；管芯外径 6.5 毫米，以能插入套管中又不松滑为宜，管芯中心孔直径 2.5 毫米，由橡胶管与二氧化碳钢瓶连接。腹钩和背钩（螫针钩）分别夹在两端立柱的操纵器内，可以自如旋转和进退。探针是用来拨开阴道瓣突的。注射器的类型较多，美国普遍采用的是 O.麦肯森设计的膜片式注射器，采用螺杆压迫硅橡胶膜片，以达到精细控制注射剂量；也可用 10 微升或 50 微升微量注射器改装。针头多为锥形，管道较长、内径较大；端部外径 0.27 毫米，内径 0.17~0.20 毫米。

（二）挖浆机

　　由机座、回转传输机构、齿轮传动机构和王浆挖取机构等组成（图 3-60），通过摇柄和动力装置人工或电能提供动力，使王台导轮推动王台基座一起转动，通过齿轮传动机构使王浆挖取机构与回转传输机构反向同步转动，王浆挖取机构上的工作头将王台中的王浆挖取出来。

图 3-60　挖浆机

（三）多功能取浆机

由运料机构、喷水机构、切削房壁、捡拾幼虫、双向刮浆、移植幼虫和巢脾位移等机构组成（图3-61），按照蜂王浆生产操作程序的先后，排列在中心拨轮的周围，并由挡杆控制五个机构协调工作，通过传动装置，对各步工作程序和王浆条工作位置（角度）进行准确定位，完成王浆条从进料到出料的各项作业，将削房壁、捡幼虫、刮王浆和移幼虫等生产蜂王浆的四个单独完成的程序，变成一步成批完成。

应用多功能取浆机时，须配套专用取虫脾和供虫群。

图3-61　多功能取浆机

（四）巢础生产设备

1.半球形底巢础压印器　与机械移虫配套的工具，水泥制模，轧制的巢房底部半球形（图3-62），且厚度大，便于移虫。

2.巢础机

（1）轧光机：由支架底座、轧光辊筒和摇把等组成（图3-63），将蜡片压制成光滑薄片。

（2）轧花机：由支架底座、轧花辊筒和摇把等组成（图3-64），将光滑蜡片压制成巢础。

图3-62　半球形底巢础压印器

图3-63　轧光机
（徐万林　摄）

图3-64　轧花机

3.一步式巢础生产机械　由熔蜡锅、保温桶、水冷轧光辊筒、轧花辊筒、裁刀等组成（图3-65）。

图3-65　一步式巢础生产机械

第四章
养蜂场基本管理知识

第一节　建一个养蜂场

一、遴选场址

（一）基本要求

养蜂场是养蜂员生活和饲养蜜蜂的场所。无论是定地或转地养蜂，都要选一个适宜蜂群和人生活的地方，没有虫、兽、水、火等对人和蜂的潜在威胁，而且交通运输要尽量方便。

1. 蜜源　定地蜂场周围 2.5 千米半径内，有 1~2 个比较稳产的主要蜜源和交错不断的辅助蜜源；转地放蜂，距离蜜源越近越好（图 4-1）。

2. 环境　在山区，场址应选在蜜源所在区的南坡下，平原地带选在蜜源中心或蜜源北面位置。避免选在风口、水口、低洼处，要求向阳、冬暖、夏凉，巢门前面开阔，中间有稀疏的树林。水源充足、水质要好，周围环境安静（图 4-2）。远离化工厂、糖厂、鸡场、铁路和饲料厂。另外，大气污染的地方（包括污染源的下风向）不得作为放蜂场地。

（二）基本建设

定地蜂场还须有相应的生活用房、生产车间和仓库等，形象蜂场还须具备宣传展示教室、文化走廊等（图 4-3 ~ 图 4-5）。

图 4-1 稳产蜜源——桃园

图 4-2 好的放蜂环境

图 4-3 山区定地蜂场蜂棚

图 4-4 家庭小型观光蜂场

图 4-5 观光展示蜂场科普室

转地放蜂须有帐篷（图4-6，图4-7）。

图4-6　转地蜂场帐篷

图4-7　转地放蜂

二、获得蜂群

（一）购买

务必向高产稳产无病的蜂场购买蜂群，越强越好。

1. 挑选蜂群　选择晴暖天气的中午到蜂场观察，所购蜂群要求蜂多而飞行有力有序，蜂声明显，有大量花粉带回（图4-8）；蜂箱前无爬蜂、酸和腥臭气味、石灰子样蜂尸（图4-9）等病态，然后再打开蜂箱进一步挑选。

蜂王颜色新鲜，胸宽体大，腹部秀长丰满，行动稳健，产卵时腹部伸缩灵敏，动作迅速，提脾安稳，

图4-8　回巢蜜蜂携带花粉越多，表明蜂群繁殖越好

图4-9　巢门前患白垩病蜜蜂幼虫尸体

（李新雷　摄）

产卵不停（图4-10）。

工蜂体壮，健康无病，体色一致、新鲜，开箱时安静、不扑人、不乱爬。

子脾面积大，封盖子整齐成片（图4-11），幼虫色白晶亮饱满；无花子、无白头蛹（图4-12）和白垩病等病态。

图4-10 意大利蜂蜂王（中间为蜂王）

2. 定价付款 买蜂以群论价，脾是群的基本单位。脾的两面爬满蜜蜂（不重叠、不露脾）为1脾蜂，意蜂约2 400只，中蜂约3 000只。近几年，早春1脾蜂80~100元，秋季则20元左右。

图4-11 正常的封盖子脾

买蜂也以重量计价，1千克蜜蜂约有意大利蜂10 000只、中华蜜蜂12 500只，占4个标准巢框。

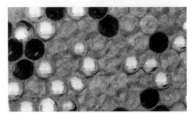

图4-12 白头蛹（由巢虫、蜂螨引起）

（二）狩猎

1. 捕捉分蜂团 在蜂群周年生活中，分蜂繁殖是其自然规律。在蜂群飞出蜂巢团结后和离开前，进行收捕。抓获之前，先准备好蜂箱，摆放在合适的地方，内置1张有蜜有粉的子脾，两侧放2张巢础框。

如图4-13的分蜂团，可用铜版纸卷成V形纸筒，将蜂舀入事先准备好的蜂箱中。

如图4-14的分蜂团，可用捕蜂网套装分蜂团，然后拉紧绳索，堵住网口，撤回后抖入事先准备好的蜂箱中。

如图4-15所示的聚集在低处小树枝上的分蜂团，可先把蜂箱置于蜂团下，然后压低树枝，抖蜂入箱（图4-16～图4-18）。或者剪断树枝，提回蜜蜂，抖入蜂箱。最后盖好副盖、箱盖即可。

2. 诱捕野蜂群 在分蜂季节，将蜂箱置于野生蜂群多且朝阳的半山坡上，内置镶装好的巢础框，飞出来的蜂群就会住进去。然后将箱

图4-13 聚集在小树干上的一群小蜜蜂

和蜂一起搬到合适的地方饲养（图4-19）。

图4-14　聚集在树枝下的一群小蜜蜂

图4-15　聚集在较小树枝下的一群小蜜蜂

图4-16　准备好蜂箱

图4-17　将蜂箱置于蜂团下方

图4-18　抖蜂入箱

图4-19　搜捕野生蜂群——设置诱饵蜂箱

三、摆放蜂群

放置蜂箱，要求前低后高，左右平衡（图4-20），用支架或砖块垫底，使蜂箱脱离地面；箱与箱、排与排之间，以方便管理、利于生产为准；最后考虑蜂群摆放规矩、美观。

图4-20　两群一组分组摆放，前低后高，左右平衡

1. 散放　根据地形、树木或管理需要，蜂群散放在四周，或加大蜂群间的距离排列蜂群，适合中蜂饲养、交尾蜂群。

2. 分组　生产时期，摆放西方蜜蜂，采取 2 箱 1 组、多组一排，排与排间呈背靠背或呈方形和圆形排列（图 4-21），利于管理；冬季摆放蜂群，兼顾方便保温、遮光处置。4 箱 1 组排列，蜂箱放托盘上，与机械装卸相配合。

图 4-21　圆形摆放

第二节　蜂群检查操作

一、勤观察

根据蜜蜂的生物学特性和养蜂的实践经验，在蜂场和巢门前观察蜜蜂行为和现象，从而分析和判断蜂群的情况。

1. 蜂群正常的表现　在天气好、植物开花时期，工蜂进出巢频繁、携带花粉多，说明群强、蜜源充足、蜂王产卵积极，繁殖较好。

2. 问题蜂群的特征　蜜源、天气正常，工蜂出入懈怠，很少带回花粉，说明繁殖较差，可能是蜂王质量差或蜂群出现分蜂热；工蜂在巢门踏板上轻轻摇动双翅，来回爬行、焦急不安，是蜂群无王的表现；巢门前现黑色或白色石灰子样的蜂尸，是白垩病征兆；有残翅蜂，说明螨害已严重；夏季巢穴中散发出腥（酸）臭味，是蜂群患了幼虫腐烂病；冬季巢门前有蜜蜂翅膀，箱内必有老鼠。

二、开蜂箱

人立于蜂箱的侧面，先拿下箱盖，斜倚在蜂箱后箱壁，揭开覆布，用起刮刀的直刀撬动副盖，取下副盖反搭在巢门踏板前，然后，将起刮刀的弯刃依次插入蜂路撬动框耳，推开隔板，用双手拇指和食指紧捏巢脾两侧的框耳，将巢脾水平竖直向上提出，置于蜂巢的正上方。先看正对着的一面，再看另一面（图4-22）。检查结束，应将巢脾恢复原状（脾间相距10毫米左右）。最后推上隔板，盖上副盖、覆布和箱盖，然后记录。翻转巢脾（图4-23）。

检查继箱群时，首先把箱盖反放在箱后，用起刮刀的直刃撬动继箱，使之与隔王板等松开，然后，搬起继箱，横搁在箱盖上。检查完巢箱后，叠上继箱。

图4-22 检查蜂群，先看正对的一面

三、做记录

包括检查、生产、天气、蜜源、蜂病、蜂王表现、蜂群活动和管理措施等，做好记录，是育王选种、采取正确管理措施的重要依据，也是蜂产品质量溯源体系的组成部分。

蜜蜂数量是蜂群的主要质量标志，常用强、中、弱表达（表4-1）。

图4-23 翻转巢脾的方法

表4-1 群势强弱对照表（供参考）　　　　　（单位：脾）

蜂种	时期	强群		中等群		弱群	
		蜂数	子脾数	蜂数	子脾数	蜂数	子脾数
西方蜜蜂	早春繁殖期	>6	>4	4~5	>3	<3	<3
	夏季强盛期	>16	>10	>10	>7	<10	<7
	冬前断子期	>8	—	6~7	—	<5	—
中华蜜蜂	早春繁殖期	>3	>2	>2	>1	<1	<1
	夏季强盛期	>10	>6	>5	>3	<5	<3
	冬前断子期	>4	—	>3	—	<3	—

四、防蜂蜇

当蜂群受到外界干扰时，工蜂将螫针刺入敌体，螫针连同毒囊一并与蜂体断裂，遗留在敌体皮肤上，在螫器官有节奏的运动下，螫刺继续深入射毒。

1. **蜂蜇伤** 蜂蜇使人疼痛，被蜇部位红肿瘙痒，面部被蜇影响美观（图 4-24，图 4-25），有些人对蜂蜇过敏，受到群蜂攻击，还会发生中毒问题。

过敏症状表现：被蜂蜇后，出现面红耳赤、恶心呕吐、腹泻肚疼，全身出现斑疹（图 4-26），瘙痒难忍，发热寒战，甚至发生休克。过敏出现的时候距被蜇时间越短，表现越为严重。

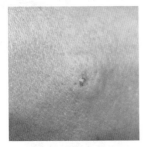  

图 4-24　皮疹和疼痛是被
蜂蜇伤的正常现象

图 4-25　蜂毒
引起的炎症
（李长根　摄）

图 4-26　浑身皮疹、瘙痒是蜂毒过
敏的表现

中毒症状则是失去知觉，血压快速下降，浑身冷热异常等。

2. **被蜇后处置措施** 一不慌张，二要冷静，放好巢脾，再用指甲反向刮掉螫针，或借衣服、箱壁顺势擦掉螫刺，最后用手遮蔽被蜇部位，退到安全地方，清水冲洗。受到群蜂围攻，先用双手保护头部，退回屋（棚）中或离开蜂场，等没有蜜蜂围绕时清除螫刺、清洗创伤，视情况进行下一步的治疗工作。

人被蜂蜇后，要及时劝慰，给予被蜇人蜜水安抚，然后讲明蜂毒利害关系、注意事项，减轻被蜇人心理恐惧感。

多数人初次被蜂蜇后，局部会迅速出现红肿热痛的急性炎症，蜇在面部，反应更为严重，这些症状一般 3 天后可自愈。少数过敏者或中毒者，应及时给予氯苯那敏口服或注射肾上腺素（图4-27），并到医院救治。

3. **预防蜂蜇的办法**

（1）选好场地：蜂场选在僻静处，

图 4-27　蜂场急救小药箱

周围设置障碍物，如用栅栏、绳索、遮阳网围绕阻隔，防止无关人员、牲畜进入。在蜂场入口处竖立警示标牌，避免事故发生（图4-28）。

（2）做好保护：看蜂操作人员，穿戴防护衣帽，将袖、裤口扎紧（图4-29）。

图4-28　蜂场设立警示标志

图4-29　戴好蜂帽

（3）注意个人行为：遵循程序检查蜂群，操作人员讲究卫生，着白色或浅色衣服，不穿黑色毛茸茸的衣裤。勿带异味，不对蜜蜂喘粗气大声说话。心平气和，一心一意，不挤压蜜蜂，不震动碰撞，轻拿轻放，尽量缩短开箱时间。若蜜蜂起飞扑面或绕头盘旋，微闭双眼，双手遮住面部，稍停片刻，蜜蜂就会自动飞走，切勿乱拍乱打、摇头、丢脾狂奔；若蜜蜂钻进袖或裤管内，或鼻孔和头发中，可将其捏死；钻入耳朵则要等其自动退出。

（4）用烟镇压：准备好喷烟器（或火香、艾草绳等发烟物），喷烟驯服好蜇的蜜蜂。

第三节　造一张好巢脾

蜜蜂造脾是为了盛装蜂蜜或扩大蜂巢，类似人盖房子，有需求种群才旺盛。饲养意蜂，每2年轮换一遍巢脾，中蜂需要年年更新。

蜂群开始扩巢即可加础造脾，生产季节造2张巢脾，能够促进蜜蜂积极采蜜。

一、上础

包括打孔→钉框→穿线→镶础→埋线五个工序。

1. **打孔**　取出巢框，用量眼尺卡住边条，从量眼尺孔上等距离垂直地在边条中线上钻 3~4 个小孔。机器打孔如图 4-30 所示。

2. **钉框**　先用小钉子从上梁的上方将上梁和侧条固定，并在侧条上端钉钉加固，最后用钉固定下梁和侧条。用模具固定巢框，可提高效率。钉框须结实、端正，上梁、下梁和侧条要在一个平面上（图 4-31）。

3. **穿线**　按图 4-32，图 4-33 所示，穿上 24 号铁丝，先将其一头固定在边条上，依次逐道将每根铁丝拉紧，直到使每根铁丝用手弹拨都能发出清脆之音为止，最后将铁丝的另一头固定。

图 4-30　打孔

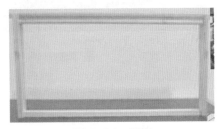

图 4-31　巢框

图 4-32　穿线紧线

图 4-33　穿线

4. **镶础**　槽框上梁在下、下梁在上置于桌面。先把巢础的一边插入巢框上梁腹面的槽沟内，巢础左右两边距两侧条 2~3 毫米，上边距下梁 5~10 毫米，然后用熔蜡壶沿槽沟均匀地浇入少许蜂蜡液，使巢础粘在框梁上。

5. **埋线**

（1）手工埋线：将巢础框平放在埋线板上，从中间开始，用埋线器卡住铁丝滑动或滚动，把每根铁丝埋入巢础中央。埋线时用力要均匀适度，既要把铁丝与巢础粘牢，又要避免压断巢础。如果使用烙铁式埋线器，事先须将烙铁头加热。

（2）电热埋线：用电加热铁丝，铁丝熔化巢础，熔化的础蜡封闭黏合框线（图4-34，图4-35）。

图4-34　工厂化生产——埋竖线

图4-35　埋横线

蜂场用电热埋线，可用简易电热埋线器，在巢础下面垫好埋线板，套上巢框，使框线位于巢础的上面。接通电源（6~12伏），将1个输出端与框线的一端相连，然后一手持1根小木条轻压上梁和下梁的中部，使框线紧贴础面，另一手持电源的另一个输出端与框线的另一端接通。框线通电变热，6~8秒（或视具体情况而定）后断开，烧热的框线将部分础蜡熔化并被蜡液封闭黏合。

图4-36　完成上础

安装的巢础要求平整、牢固，没有断裂、起伏、偏斜的现象，巢础框暂存空箱内备用（图4-36）。

二、造脾

1.**加脾**　造脾蜂群须保持蜂多于脾，饲料充足。

在傍晚将巢础框插在边脾的位置，1次加1~2张，或4~5张放于巢箱，供造脾繁殖，或8~9张置于继箱，供贮蜜生产。

2.**检查扶正**　巢础加进蜂群后，第二天检查，对发生变形、扭曲、坠裂和脱线的巢脾，及时抽出淘汰，或加以矫正后将其放入刚产卵的新王群中进行修补（图4-37，图4-38）。

图 4-37　一张合格的巢脾

图 4-38　一张扭曲撕裂的巢脾

第四节　其他操作

一、合并蜂群

把 2 群或 2 群以上的蜜蜂合成 1 个独立的生活群体。

1.**方法**　取 1 张报纸，用小钉扎多个小孔。把有王群的箱盖和副盖取下，将报纸盖在蜂巢上，上面叠加继箱，然后将无王群的巢脾放在继箱内，盖好蜂箱即可（图 4-39）。3 天后撤去报纸，整理蜂巢。

2.**注意事项**　提前 1 天清除被合并群中的王台或蜂王，把无王群并入有王群，弱群并入强群。相邻合并，傍晚进行，3 日内勿开箱。

图 4-39　报纸合并蜂群

二、防止盗蜂

蜜蜂进入别的蜂群或贮蜜场所采集蜂蜜，主要在无蜜源季节发生。

（一）盗蜂为害与识别

1.**为害**　一旦发生盗蜂，受害群轻则生活秩序被打乱，蜜蜂变得凶暴；重则蜂蜜被掠夺一空，工蜂大量伤亡；更严重的，蜂群死亡或逃跑，若各群互盗，全场覆灭。作盗群工蜂寿命缩短。

2.识别　被盗群周围蜜蜂群集，盗蜂盘旋飞翔，寻缝乱钻，企图进箱，秩序混乱，伴有尖锐叫声，地上蜜蜂抱团撕咬（图4-40），有爬行的，有乱飞的。

图4-40　中蜂和意蜂之间的战争

（二）预防与制止盗蜂

1.预防　选择优良蜜源场地放蜂，常年饲养强群，留足饲料。在繁殖越冬蜂前喂足越冬饲料，抽调蜜脾饲喂弱群，补充饲料尽量选用白糖。重视蜜、蜡保存。降低巢门高度（6~7毫米）。

中蜂和意蜂不同场饲养（图4-41），相邻两蜂场应距2千米以上，同一蜂场蜂箱不摆放过长过大，忌场后建场。

2.制止

（1）保护被盗群：初起盗蜂，应立即降低被盗群的巢门，然后用白色透明塑料布搭住被盗群的左右前后，箱前搭到距地面2厘米高处（图4-42），3天后撤走塑料布，并用清水冲洗蜂箱前壁和巢门。

（2）处理作盗群：如果一群盗几群，就将作盗群搬离原址数十米，原位置放带空脾的巢箱，2天后将原群搬回。

（3）秋季转移蜂场：全场蜂群互相偷抢，一片混乱，需当机立断，将蜂场迁到5千米以外的地方，分排安置，每排箱挨箱，两排门对门，相距10~15厘米，然后将箱底、箱间用秸秆堵塞，迫使蜜蜂只从两排中间缝隙进出蜂巢，放好之后，正常管理蜂群，15天左右，两排蜂箱各后退1.5米，正常管理。

图4-41　中蜂攻不入意蜂巢穴，选择拦截回巢的意蜂勒索食物

图4-42　用白色塑料布制止盗蜂

（4）春季集中控制：选择风和日丽的天气，即当天气温必须适合蜜蜂出勤活动，能让盗蜂全部出巢。时间安排在当天下午，事先把箱捆好，在下午4~5时正常出勤蜜蜂基本回巢，盗蜂仍在猖狂活动时进行。每30箱蜂需人1名，如180箱蜂需要6人。首先将蜂场放蜂位置用生石灰画线标注，然后对各个蜂箱进行编号，并将编号准确标

注在蜂箱所在石灰线上；或者将上述画线、编号、标注在一个草纸上。准备收容蜂巢，每30箱蜂需空箱1只（套），如180箱蜂需要6只（套），每箱放3张巢脾；每箱分配蜂王1只，并用铁纱王笼关闭（保护），吊挂在两巢脾之间。将蜂箱（群）全部搬到离原场地3米以外的地方码好，不关巢门，放盗蜂飞出来。把收容蜂巢（箱）分散放在蜂场的"中间"位置，盗蜂从原来蜂箱飞出来，并在蜂场集中盘旋飞翔后，会很快进入收容蜂巢中。随着气温下降，盗蜂也停止了活动，先把装盗蜂的几个箱子搬到离蜂场较远的地方放置。然后将码好堆垛的蜂群（箱）分别对号就位，放回原处。

将收拢的盗蜂，根据数量多少，分别集中到4个箱子里，转移到离原蜂场5千米以外的地方，近距离、门对门放置，正常繁殖，约过1月时间，再把它们拉回原场。

三、工蜂产卵

正常蜂群，蜂王产卵，一房一卵（图4-43）；蜂群无王的情况下，部分工蜂卵巢发育，并向巢房中产下未受精卵，而且一房多卵（图4-44），有些还在王台基中产卵（图4-45），这些卵有些被工蜂清除，有些发育成雄蜂，自然发展下去，蜂群灭亡。

预防措施是及时发现无王蜂群，导入新蜂王。

处置方法是一旦发现工蜂产卵，就将蜜蜂分散合并，巢脾化蜡。

 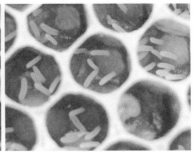

图4-43 蜂王产的卵　　　　　　图4-44 工蜂产的卵

图4-45 工蜂在王台基中产卵

四、饲喂蜜蜂

蜜蜂的食物是蜂王浆、蜂蜜和花粉，饮水也不可少。

（一）补充糖饲料

给蜂喂糖饲料，一是加入封盖蜜脾，二是优质白糖。

1.喂蜂形式 给蜂喂糖有奖励喂蜂和补助喂蜂两种形式。

（1）奖励喂蜂：是以促进繁殖、采粉或取浆为目的，每天或隔天喂1∶0.7的糖水或更稀薄的糖水250克左右，以够吃但不产生蜜压卵圈现象为宜。如果缺食，先补足糖饲料，使每个巢脾上有500克糖蜜，再进行补偿性奖励饲喂，以够当天消耗为准，直到采集的花蜜略有盈余为止。早春喂糖，如果蜂数不足，应喂封盖糖脾。

（2）补助喂蜂：是以维持蜜蜂生命为目的，在3~4天内喂给蜂群大量糖浆，或直接补充大蜜脾，使蜂群渡过难关。

2.制作糖水 将7份清水烧开，再加入白糖10份，搅拌熔化，并加热至锅响为止。

3.喂蜂方法 箱内放置塑料盒，置于隔板外侧，傍晚加入糖水。

4.注意事项 禁用劣质、掺假、污染的糖饲料，早春和秋末不喂果葡糖浆。

（二）花粉的饲喂

1.喂粉时间 早春繁殖、生产季节缺粉时期。

2.喂粉方法 早春宜喂花粉脾、花粉饼。

（1）喂花粉脾：将贮备的花粉脾喷上少量稀薄糖水，直接加到蜂巢内供蜜蜂取食。

（2）做花粉脾：把花粉团用温开水浸润，充分搅拌，形成松散的细粉粒，用椭圆形纸板（或木片）遮挡育虫房（巢脾中下部）后，把花粉装进空脾的巢房内，一边装一边轻轻揉压，使其装满填实，然后用蜜汁淋灌。用与巢脾一样大小的塑料板或木板，遮盖做好的一面，再用同样的方法做另一面，最后加入蜂巢供蜜蜂取食。

（3）喂花粉饼：将花粉闷湿润，加入适量蜜汁或糖浆，充分搅拌均匀，做成饼状或条状，置于蜂巢幼虫脾的框梁上，上盖一层塑料薄膜，吃完再喂，直到外界粉源够蜜蜂食用为止（图4-46）。

图4-46 喂花粉饼

3. 花粉消毒　把 5~6 个继箱叠在一起，每 2 个继箱之间放纱盖，纱盖上铺放 2 厘米厚的蜂花粉，边角不放，以利透气，然后把整个箱体封闭，在下燃烧硫黄，3~5 克 / 箱，间隔数小时后再熏蒸 1 次。密闭 24 小时，晾 24 小时后即可使用。

工厂常用 Co60 辐照消毒。

（三）喂水

春季在箱内喂水，用脱脂棉连接水槽与巢脾上梁，并以小木棒支撑，让蜜蜂取食。每次喂水够 3 天饮用，间断 2 天再喂。

夏秋在蜂场周围放置饲水槽，每天更换饮水。

（四）蜂王浆的饲喂

春季蜂多于脾，夏秋蜂脾相称，可保证蜜蜂幼虫得到充足的蜂王浆（蜂乳）食物。另外，在糖水中加蜂王浆，可提高蜜蜂的体质。

第五章
意蜂蜂群管理

第一节 繁殖管理

一、春季繁殖

早春的 1 只越冬蜂养育 1 只新蜂，繁殖第一批子时即蜂王开始产卵 30 天内，控制繁殖速度，尽量不喂糖浆。这些目标通过春季结合上年秋季管理实现。

1. **春季蜜源场地** 在向阳、干燥，有榆、杨（图 5-1）、柳和油菜等早期蜜源的地方放置蜂群，避开风口。在南方多风的地方，要求地势不高不低，雨天能够排水。

2. **促蜂排泄** 蜂群进场或从越冬室中搬到场地摆放好后，选择中午气温在 10℃ 以上的晴暖无风天气，于 10~14 时掀起箱盖，使阳光直照覆布，提高巢内温度促使蜜蜂飞翔（图 5-2）。蜜蜂排泄（图 5-3）后若不及时繁殖，应将巢门遮光或关闭蜂王；缺蜜蜂群，傍晚补给蜜脾。

3. **防治蜂螨** 蜂王刚产卵时，选好天气喷雾治螨 2 次，同时将经过消毒的

图 5-1 杨树，河南省在雨水以后开花

图 5-2 飞舞的蜜蜂

空箱与原蜂箱调换，换入适合产卵的粉蜜脾。早春治螨要彻底、勿产生药害，如有封盖子须割除。

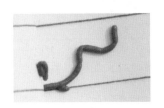

图 5-3 正常工蜂早春排泄物

4. 繁殖时间 根据计划决定春繁时间，一般在 1 月中旬至 3 月中旬开始，南方早北方晚，河南省宜在立春前后。

5. 蜂巢环境 第一次蜜蜂排泄后，保留蜜多、粉多的巢脾，其他的取出。每群蜂数在华北、东北和西北要达到 3 足框以上，华中及以南地区须有 2 足框以上。蜂巢放 1 张巢脾的蜂群，脾上须有 500 克以上的蜂蜜和约 250 克的花粉饲料；放 2 张巢脾的蜂群，其中之一是粉蜜脾，另一张为蜜脾；放 3 张巢脾的蜂群，1 张为全蜜脾，2 张为粉蜜脾；蜂脾相称繁殖，所留巢脾大半是蜜粉脾，或都是大糖脾。饲料不够时要及时补充，严防饥饿。

继箱越冬蜂群，亦可不动蜂巢，保持继箱繁殖。

（1）蜂多于脾：把蜂脾比调整为（1.5~3）：1，同时放宽蜂路。

（2）蜂脾相称：把蜂脾比调整为 1：1，正常蜂路，群越弱蜜就要越多。

6. 温度控制，蜂巢透气顺畅 对于强群不要特殊保温，只需覆布盖严上口、副盖上加草帘即可；对于群势弱的蜂群，用干草或秸秆围着蜂箱左右箱壁和后箱壁，箱低垫实。

使用隔光、保温罩盖蜂比较方便，还可用于制止盗蜂，保持温度、黑暗，防止空飞（图 5-4），躲避农药中毒，根据具体情况，决定关蜂、放蜂、排泄时间。

无论如何保温处置，覆布都应折叠一角作通气孔，呼应巢门，保持箱内空气流通。

图 5-4 隔光保温——天气寒冷盖好蜂垛，天气温暖进行管理

7. 喂蜂 蜂蜜和蜂粮（图 5-5）是工蜂泌乳的营养、是雄蜂和工蜂较大幼虫及成虫的食物，必须充足供应。

（1）喂糖：一般在蜂王产卵 1 个月左右，根据需要奖励饲喂，其间如果缺蜜，宜补充大蜜脾。对蜂多于脾繁殖的蜂群，要时刻注意蜂蜜饲料盈亏，防止蜂群饥饿。

奖励饲喂，在蜂蜜饲料充足的情况下，

图 5-5 蜜蜂的食物——蜂蜜和蜂粮

每天或隔天喂 1 : 0.7 的糖水 250 克左右；补喂蜜脾，不宜割除蜜盖（图 5-6）。蜂群繁殖时，如果蜂数不足，糖饲料则必须充足。

（2）喂粉：蜂王产卵就开始喂，有足够的新鲜花粉进箱时停止。早春宜喂不变质、无污染的纯花粉，制成花粉脾或饼皆可（图 5-7）。

（3）喂水：箱内喂水，与喂粉同时进行。

8. 扩大蜂巢

（1）蜂脾相称或蜂多于脾的多脾繁殖蜂群：蜂箱内有新蜡（巢白、赘脾）（图 5-8）、饲料充足即可扩巢，一般在蜂王产卵 30 天左右或更长时间。

第一次扩巢，蜜少蜂群宜加蜜脾，一王 1 张，置于边脾位置，随着蜜糖增多，再添加巢础框；蜜多蜂群直接加巢础框。方法如下：

单王群，2~3 张巢脾的，加巢础框于边脾位置，一侧一个；4 张巢脾及以上的，4 个巢础框放巢箱，原有巢脾放继箱，中间不加隔王板（原本继箱越冬蜂群，直接在巢箱加巢础框 4 个即可）。

双王群，根据情况，4 个巢础框置于两侧，一侧 2 个，或者巢箱每个蜂王留 1 张卵或幼虫脾，其他提到继箱，在蜂巢的边脾位置各加 1 个巢础框，巢、继箱中间加隔王板。

图 5-6　早春补大糖脾喂蜂

图 5-7　蜜蜂爱吃的花粉饼

图 5-8　赘脾——需要扩大蜂巢的表象

第二次扩巢，根据外界蜜源、蜂群情况，巢箱尽量加巢础框，老脾提至继箱，巢、继箱之间都要加隔王板。

平箱群，巢箱边脾位置加巢础框 1~2 个，继箱加 4 张巢脾，巢、继箱之间加隔王板。继箱群，无隔王板，巢、继箱中都有子的，巢脾加在继箱子脾两侧，巢础加在巢箱边脾位置，巢、继箱间加隔王板，蜂王留在巢箱；巢、继箱间有隔王板，巢箱两侧子脾各提 1 张到继箱中间，再各放入 1 张巢础框，继箱蜂巢两侧各加 1 张巢脾。

（2）蜂多于脾的单脾（一王一脾）繁殖蜂群：在第一张子脾封盖时即可扩巢，

一般在蜂王产卵 10 天左右。

巢箱加脾或框，蜜少蜂群宜加蜜脾，一王 1 张，置于边脾位置，随着蜜糖增多，再添加巢础框；蜜多蜂群也可加半蜜脾或直接加巢础框于边脾的位置，一次 1 个。

添加继箱，群势发展到单王 4 脾蜂、双王 8 脾蜂，添加带有 4 张巢脾的继箱，巢、继箱间加隔王板。

早期、阴雨连绵或饲料不足时加蜜粉脾或蜜脾。

（3）蜂少于脾蜂群繁殖：增加糖饲料，同时，只有新生蜜蜂完全代替了越冬蜜蜂或蜂多于脾后，才能向蜂群加脾（图 5-9）或巢础框。

9. **防止空飞** 在春季日照长的地区春繁，若外界长期无蜜、粉可采，应对蜂群进行遮盖，并注意箱内喂水。

10. **生产计划** 当春季蜂群发展到 6 框蜂时即可生产花粉，预防粉压子圈（图 5-10），同时加础造脾。发展到 8 框以上，王浆生产也将开始。

11. **平衡群势** 根据蜜源情况，及时把有新蜂出房的老子脾带蜂补给弱群，弱群的卵虫脾调给强群。

图 5-9 饲料充足时加黄褐色巢脾

图 5-10 粉压子圈

12. **春季养王** 蜂场每年都要在第一个主要蜜源花期尽早培育、更换蜂王。

13. **灾害天气蜂群管理** 早春繁殖时期，连续低温不超过 4 天，少喂蜂；在 4~7 天，不喂蜂；超过 7 天即是灾害天气（图 5-11，图 5-12），灾害天气条件下蜂群繁殖应采取如下措施。

（1）疏导：寒潮期前，利用有限的好天气条件（15℃以上），促蜂排泄，同时喂足蜜、粉。

（2）降温：寒潮时期，适当撤去保温包装物，折叠无蜂区的覆布，增加通风面积，降低巢温，迫使蜜蜂安静。如果蜜蜂还活动飞翔，则开大巢门，继续降低巢温（必要时可以在巢门口喷洒少量的水），减少蜜蜂出巢活动。

（3）控制饲料：

1）如果蜂群中糖饲料充足，就不喂蜂；如果缺糖，就饲喂贮备的糖脾。如果没有糖脾，就将蜂蜜兑 10%~20% 的水并加热，然后灌脾喂蜂。如果既没有糖脾，也没

图5-11　冰雪中的油菜
（祁文忠　摄）

图5-12　冰雪中的蜂群
（祁文忠　摄）

有蜂蜜，就喂浓糖浆，糖水比为1：（0.5~0.7），加热使糖粒完全熔化，再降温至40℃左右灌脾喂蜂。喂糖浆时，可在糖浆中加入0.1%~0.2%的蔗糖酶或0.1%的酒石酸（或柠檬酸），防止糖浆在蜂房中结晶。喂糖要一次喂够，不得连续饲喂、多喂，不得引起蜜蜂飞翔。

2）如果蜂巢中有较充足的花粉，采取既不抽出也不喂的措施；如果蜂群缺粉，喂花粉饼，蜜蜂停止取食时停喂。

3）保持蜂群饮水。

（4）促蜂排泄：提前准备糖水，糖水比例1：1，温度38~42℃，糖水5千克加白酒150克（50% vol以上白酒）混合均匀（随配随用）；在寒潮4天以后，如中午12~14时气温在10℃左右，打开全部箱盖，取下覆布，将酒糖水迅速淋到框梁之上，根据群势大小，每群喂含酒糖水250克左右，然后盖好箱盖。整个过程，用时越短越好。

（5）保持巢门畅通：如遇大雪包埋蜂箱，及时清除巢门积雪（无须清除蜂周积雪），打通巢门透气，同时使用瓦片或木板遮挡巢门，减少蜜蜂活动。

（6）寒流后管理：低温寒流天气过后，及时整理蜂群，清除箱底杂物，撤出死亡蜜蜂（子）巢脾；不再做蜂群保温处置；保持蜂多于脾；补充饲料。其他按计划正常管理。

二、夏季繁殖

1. **长江以北夏季繁殖**　6~8月，在长江以北地区，枣树、芝麻、荆条、椴树、棉花、草木樨、向日葵（图5-13）等开花流蜜，是养蜂的生产季节。

（1）场地要求：阴凉通风，蜜源丰富，饮水丰富洁净。

（2）蜂群标准：新王，蜂群健康，蜂脾比例达到1：1以上。繁殖箱体，以生产王浆为主的放 6~8 巢脾，以生产蜂蜜或花粉为主的放 5~6 巢脾，适当放宽蜂路。

（3）遮阳防暑：加宽巢门，盖好覆布。无树林遮阳的蜂场，可用黑色遮阳网或秸秆、树枝置于蜂箱上方，阻挡阳光照射蜂巢（图 5-14）。

图 5-13　向日葵

（4）注意事项：蜜源丰富时适当加础造脾，蜜源缺少时抽出新脾。如果遭遇花期干旱等造成流蜜不畅，蜂群繁殖区巢脾要少放，蜂数要足，及时补充饲料。新脾抽出或靠边放。

（5）蜂病防治：预防农药中毒，防治大、小蜂螨。

（6）随时更换质量差的蜂王。

（7）喂粉：缺粉场地，适当补充蛋白质饲料（图 5-15）。

图 5-14　将树枝置于蜂箱顶遮阳

2. 长江以南夏季繁殖　长江以南地区，6~8 月气温高，持续时间长，多数地区蜜源稀少，蜂群繁殖受到影响。

控制繁殖速度，保持 3~4 张巢脾繁殖；对蜂群遮阳、喂水，保持食物充足，清除胡蜂，防止盗蜂、中毒，合并弱群，防治蜂螨。

图 5-15　枣花场地——蜜多粉少

三、秋季繁殖

在南方以繁殖秋、冬蜜源采集蜂为主，兼顾培育适龄越冬蜂，其方法和措施参考春季繁殖进行。

在北方以繁殖适龄越冬蜂为主，部分山区兼顾培育野菊花蜜源采集蜂，方法措施如下。

1. 繁殖时间　在中原地区，8 月下旬开始，平原地区 9 月 20 日前后结束，山区稍晚，总计时间约 20 天，利用葎草、冬瓜、栾树、茵陈、菊花粉对越冬蜂进行培养，并喂好越冬饲料。

2. 管理措施

（1）蜂群：巢、继箱各保留 5~6 张巢脾。

（2）防治蜂螨：繁殖越冬蜂前防治蜂螨，可以结合育王断子治螨，也可以挂螨扑片防治。

（3）奖励饲喂：每天喂蜂多于消耗，喂到 9 月底结束（子脾全部封盖）。

（4）适时关王：繁殖结束，用王笼将蜂王关闭起来（图 5-16），吊于蜂巢前部（中央巢脾前面框耳处），淘汰老劣王。

（5）贮备饲料：秋末贮备的饲料，供蜜蜂冬季食用和春季繁殖第一批子消耗。继箱体繁殖越冬蜂时，在奖励饲喂前喂至七八成，奖励饲喂结束时喂足。单箱体繁殖越冬蜂的，在子脾将出尽时喂足，或治螨后换入饲料脾。

图 5-16　将蜂王囚禁在笼子里

（6）冬前治螨：越冬蜂全部羽化出房 1 周后，利用杀螨剂喷雾治螨 2 次。

（7）减少空飞：治螨以后，折叠覆布，放宽蜂路，及时把蜂群搬到阴凉处，或者使用遮光罩覆盖蜂群，也可将秸秆放在蜂箱上，对蜂群进行遮阳避光，减少蜜蜂活动。

使用遮光罩的，根据天气情况，放蜂飞翔排泄（图 5-17）。养蜂场地要求避风防潮，注意防火。

图 5-17　覆盖遮光、透气的保温罩（河南登封 11 月上旬）

第二节　生产（蜜蜂）管理

一、春夏蜜源花期生产管理

养好蜂，用好蜂，维持强群，调动蜜蜂的工作积极性。

（一）生产前准备

蜜蜂依靠群体生活，生产也靠数量取胜，蜂群越强，生产能力也就越大，蜂群健康，且青壮年工蜂数量高峰期若与植物流蜜盛期吻合，即可发挥采蜜优势。强群单位群势的产蜜量一般比弱群高出 30%~50%。强群标准，多箱体养蜂群势要达到 20 框蜂，双箱体蜂群要达到 12~15 框蜂（图 5-18），而在生产蜂花粉时，8~9 框蜂就是强群。生产蜂蜜要求新王、强群和健康的蜂群。

图 5-18　双箱体生产群

1.选择场地　根据蜜源、天气、蜂群密度等选择放蜂场地。采蜜群宜放在树荫下，遮阳不宜太过，蜂路开阔。水源水质要好，防水涝和山洪冲击。

对无农药、没有蜜露蜜的场地，可选在蜜源的中心地带、季风的下风向，无蜜露蜜的植物如刺槐、荆条、椴树、芝麻等（图 5-19）。对施农药或有蜜露蜜的场地，蜂群摆放在距离蜜源 300 米以外的地方。在缺粉的主要蜜源花期，场地周围应有辅助粉源植物开花，如枣花场地附近有瓜花。

图 5-19　刺槐场地

2.培养生产蜂群——强群 生产群以繁为主。早春蜂群繁殖开始时间，根据情况，宜选在距主要蜜源泌蜜前的 8~10 周；少于 8 周，则应加强管理，采取措施组织生产蜂群；多于 12 周，则采取互换子脾以平衡群势，或结合养王组成主、副群饲养，待流蜜期到来组成强群生产。

（1）培育采蜜工蜂：工蜂按日龄来工作，17 日龄以后从事野外采集活动，一般在植物开花前 45 天到流蜜结束前 30 天较为适宜，具体方法参照春季繁殖进行。

（2）适当控制虫口：工蜂工作还受巢内负担轻重、外界蜜源丰歉影响，变换工种。如果流蜜期短，且无后续蜜源，可以在流蜜前结合养王断子（生产期群内须有适量的幼虫），集中力量采蜜；若流蜜期较长或与后续蜜源接连，并且价值较大，则应边生产边繁殖；转地蜂场，生产、繁殖并重。

3.组织生产蜂群

（1）调整蜂群：生产群达不到要求时采取下述补救措施。

调子脾。距离植物开花泌蜜 20 天左右，将副群或强群的封盖子脾调到近满箱的蜂群；距离开花泌蜜 10 天左右，给近满箱的蜂群补充新蜂正在羽化的老子脾。

（2）集中蜜蜂（主、副群饲养的）：蜂群到达场地后分组摆放，主、副群搭配（定地蜂场在繁殖时即做这项工作），以具备新蜂王的较大群作为主群，较小群作为副群，在主要蜜源开花泌蜜后，搬走副群，使外勤蜂投入主群。

（二）生产中管理

1.蜂巢分区 全面检查，生产群要求有 12 框以上蜜蜂，巢、继箱之间加上隔王板。植物花期较短，大泌蜜前又断子的蜂群，巢、继箱之间不加隔王板。

生产兼顾繁殖的蜂群，上面放 4~5 张大子脾，下面放 4~8 张巢脾或巢础框，巢脾上下相对；如果开花期长，且缺花粉，则巢箱少放脾，多的、旧的巢脾置于继箱。

2.蜂群繁殖 植物流蜜好，以生产为主，兼顾繁殖。如遇花期干旱等情况造成流蜜差，蜂群繁殖区脾要少，蜂数、饲料要足，新脾要撤出或提到继箱。

3.饲料充足 在流蜜开始后，把全蜜脾抽出，作为饲料保存起来，然后，另加巢脾或巢础框贮蜜。对缺粉的蜜源场地，需要及时补充花粉。无洁净水源的场地，在地势明显处设水池（图 5-20，图 5-21），提倡箱内喂水。

4.维持群势 开花前期，从繁殖

图 5-20 潺潺的溪流为蜜蜂提供清洁的饮水

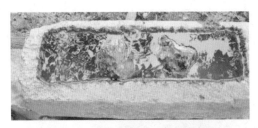

图 5-21　蜂箱外喂水，需天天更新

图 5-22　多箱体多采蜜

图 5-23　河南尉氏西瓜场地蜜蜂农药中毒

（副）群中调出将要羽化的老子脾给生产群，保证生产群有足够的采集蜂。

5. **叠加继箱**　当第一个继箱框梁上有巢白时，即可加第二继箱，第二继箱加在第一继箱和巢箱之间，待第二继箱的蜂蜜装至六成、第一继箱有一半以上蜜房时封盖，可继续加第三继箱于第二继箱与巢箱之间，第一继箱即可取下摇蜜。

要开大巢门，加宽蜂路，折叠覆布，加快蜂蜜成熟。

定地蜂场建议多加（浅）继箱，一个花期或者一个季节取蜜一次，亦可一年一次，留足越冬饲料，集中采蜜（图5-22）。

6. **适时取蜜**　流蜜初期抽取，流蜜盛期若没有足够巢脾贮蜜，待蜜房有1/3以上封盖时即可进行蜂蜜生产，流蜜后期要少取多留。在采蜜的同时，重视蜂王浆、蜂蛹的生产。

7. **防止农药中毒**　油菜、西瓜、枣树、梨树等喷洒农药的作物或果树蜜源场地，要时刻警惕群众施药（图5-23），预防中毒。

8. **分蜂热的处置措施**

（1）预防分蜂热：

1）更新养王。早春及时育王，更换老王。平常保持蜂场有3~5个养王群，及时更换劣质蜂王。

2）积极生产。及时取出成熟蜂蜜，进行王浆生产。

3）扩巢遮阳。随着蜂群长大，要适时加巢础、上继箱、扩巢门，将蜂群置于通风的树下（图5-24），或搭建遮阳棚阻隔阳光。

图 5-24　蜂群置于树林中

4）控制群势。在蜂群发展阶段和主要蜜源生产结束时，抽调大群的封盖子脾补助弱群，并将弱群的小子脾调给强群。

（2）解除分蜂热：

1）更换蜂王。在蜜源流蜜期，对发生分蜂热的蜂群当即去王并清除所有封盖王台，保留未封盖王台，在第 7~9 天检查蜂群，选留 1 个成熟王台或诱入产卵新王，尽毁其余王台。

2）互换箱位。在外勤蜂大量出巢之后，把有新蜂王的小群蜂王保护起来，并与有分蜂热蜂群互换箱位；翌日检查蜂群，清除分蜂热群中的王台，提出封盖子脾，调入新王小群，使之成为一个生产蜂群。

3）剪翅、除台。在自然分蜂季节里，定期检查蜂群，清除分蜂王台，剪去蜂王一侧前翅的近一半（图 5-25），防止分蜂损失。

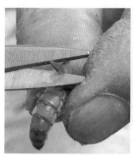

图 5-25　蜂王剪翅

（三）生产后繁殖

调整蜂脾关系：植物流蜜结束，或因气候等原因流蜜突然中止，应抽出空脾，使蜂略多于脾。防治蜂螨。补喂缺蜜蜂群，在粉足取浆时要奖饲。

根据下一个场地的具体情况繁殖蜂群。在干旱地区繁殖蜂群时要缩小繁殖区。

二、秋、冬蜜源花期生产管理

（一）秋、冬季节蜜源

我国南方冬季开花的植物有茶树、枔、野坝子、枇杷、鹅掌柴（鸭脚木）等，这些蜜源能生产到较多的蜂蜜或花粉；而在河南豫西地区，有许多年份在 10~11 月还能生产到菊花蜂蜜（图 5-26）。

图 5-26　野菊花的香甜吸引着贪吃的小蜜蜂

（二）蜂群管理措施

南方冬季蜜源花期，气温较低，尤其在后期，昼夜温差大，常有寒流或连绵阴雨，因此，需要做好以下工作。

1.**选择蜜源场地**　在向阳干燥的地方摆放蜂群，避开风口。

2.**生产兼顾繁殖**　淘汰老、劣蜂王，合并弱群，适当密集群势，采用强群生产、强群繁殖，生产兼顾繁殖。流蜜前期，选晴天中午采收成熟蜜，流蜜后期，抽取蜜脾，保证蜂群饲料充足，满足越冬、春季繁殖所需。茶叶花期（图 5-27），喂稀糖水，脱粉取浆。

图 5-27　茶叶花

3.**做好越冬准备**　在恶劣天气里适当喂糖喂粉，促进繁殖，壮大群势，积极防病虫和毒害。

4.**防止蜂群饥饿**　无论天气如何，继箱至少保留 1~2 张封盖蜜脾，预防饲料短缺。

三、灾害天气蜂群管理

（一）高温干旱应急措施

1.**场地**　有树遮阳，但每天有 2 小时左右的太阳照射。平原地区场地要求地势高、通风、开阔，预防雨水漫蜂箱；山区场地勿在谷底、河半坡放置。不得放蜂群于水泥硬化面上。

2.**遮阳**　蜂场无树荫遮阳时，在蜂箱上加一层遮阳网，防止暴晒蜂群。

3.**透气**　放置蜂箱左右平衡，前面略低，后面稍高，巢箱加大巢门宽度，加宽蜂路，折叠覆布一角，但勿放大通风面积。

4.**供水**　饮水充足。蜂场旁边有溪流等清洁的饮水，否则应在蜂场附近设饮水池，供蜜蜂采水，如果箱内喂水更佳。在蜂场洒水，保持小环境湿润气候。

5. **食足** 保持蜂群始终有 1~2 张封盖蜜脾（图 5-28）。

6. **控制繁殖** 在无螨害的情况下，单王群，巢箱放置 3~4 张巢脾，保持蜂、子相当的情况下繁殖，加巢础于巢箱，减缓蜂王产卵速度。

7. **防病**

（1）治螨：利用螨扑等长效药防治蜂螨；如螨严重，则有计划地控制蜂王产卵，或用割除子脾的方法，断子治螨。

（2）预防金龟甲、胡蜂的为害（图 5-29）。

（3）防止中毒：在有玉米田的场地，应距离玉米田 300 米以上，预防除草剂中毒。

8. **转地放蜂** 蜂群转场，采取开门运蜂，防止蜂群受闷。转地放蜂前，提前了解放蜂地疫情防控政策，与放蜂地村委或蜂协协商好放蜂地方，避免蜜蜂路上滞留。

（二）水涝灾害处置方法

1. **预防措施** 主要发生在春末和夏季，一是洪水冲场，二是雨水浸泡蜂箱（图 5-30 ~ 图 5-32）。

图 5-28 封盖蜜脾是蜂群的备荒食粮

图 5-29 围困胡蜂

图 5-30 洪水淹没（浸泡）蜂群现场

（2017 年 7 月，桐柏）

图 5-31 洪水淹没（浸泡）死亡的蜂群

（2017 年 7 月，桐柏）

图 5-32 洪水淹没（浸泡）的蜂群

（2017 年 7 月，桐柏）

（1）选好场地、放好蜂箱：蜂箱放在地势较高且四周可排水的地方。场地不得选在水头、谷底、河谷平地、半河坡地，以及山坡易滑地方，蜂箱摆放左右平衡，尽量前后水平或前略低后略高，防止蜂箱受水、风的影响而翻倒。

（2）蜂群定位：蜂群摆放好后，画一个蜂场图，标注每个蜂箱位置。

（3）给蜂群买保险：政府、群众共同出资投保，减少发生自然灾害给养蜂生产带来的损失。

2. 受灾处理

（1）临时搬离低洼地带：受雨、水冲击的蜂场，在保证人员安全的前提下，及时将蜂群移到安全的地方码好，然后用遮光罩搭盖蜂垛，但要通风、时时洒水，减少蜜蜂活动。待雨水退去，再按原来位置安置蜂群。

如果积水长期不退，要想办法将蜂场运往无水场地。

（2）蜂群全部被水淹泡：将蜂群及时运送到 5 千米外的地方，快速割除受损巢脾，作化蜡或出售处理，清洗巢框、蜂箱；如有剩余蜜蜂，装车运走，到达地方后每群蜂留脾 1 张（视情况），每天少量喂糖繁殖（图 5-33）。

图 5-33　逃出的小蜜蜂
（2017 年 7 月，桐柏）

（3）蜂群部分被水淹泡：原地处理，在短时间内（如一个下午）将所有巢箱巢脾取出（或被水浸泡过的巢脾）等待化蜡或出售处理，清洗蜂箱；继箱巢脾压下（放在巢箱）繁殖。少量饲喂。

（4）报损：积极采取补救措施，如实上报灾情——蜂群受灾时对受损蜂场拍照、录像，职能部门核实评估损失、作价，共同出具证明，及时上报情况，争取灾害补损。

第三节　人工分蜂

根据蜜蜂的生物学习性，有计划地增加蜂群数量。对自然分蜂群，抓获后另行饲养成新分群（图5-34）。

图5-34　收捕低处的分蜂团

一、分群方法

1.**强群平分法**　先将原群蜜蜂向后移出1米，取两个形状和颜色一样的蜂箱，放置在原群巢门的左右，相距0.3米，高低和巢门方向与原群相同，然后把原群内的蜂、卵、虫、蛹和蜜粉脾平分，分别放入两新箱内，一群保留原来蜂王，另一群在24小时后诱入产卵蜂王。分蜂后，如果蜜蜂有偏集现象，可将蜂多的一群移远点，或将蜂少的一群向中间移近一点。这种方法，适用于距主要蜜源开花50天时分蜂。

2.**强群偏分法**　从强群中抽出带蜂和子的巢脾3、4张组成小群，如果不带王，则介绍1个成熟王台，成为一个交尾群。如果小群带老王，则给原群介绍1只产卵新王或成熟王台。分出群与原群组成主、副群饲养，通过子、蜂的调整，进行群势的转换。这种方法，平时多用。

3.**多群分一群**　选择晴朗天气，在蜜蜂出巢采集高峰时候，分别从大群中各抽出1～2张带幼蜂的子脾，合并到1只空箱中，次日调整蜂路，介绍蜂王，即成为一个新蜂群。这个方法多在主要蜜源即将开花时应用。

4.**双王群分蜂**　主要蜜源即将开花时，将一侧蜂王带3脾蜂、2张有饲料的子脾提出，作为新分群；另一侧蜂王不动变成单王群。距主要蜜源开花 50 天左右，两只蜂王分置两箱，各带一半工蜂、子脾和饲料自成一群。

二、管理措施

新分群应以幼蜂为主，保证饲料充足，第二天给它介绍 1 只产卵蜂王或一个成熟王台，王台安装在中间脾的下缘或两下角处。

新分群的位置要明显，新王产卵后须有 3 框足蜂的群势，保持饲料充足、蜂多于脾；适时加蜜脾或巢础框造脾。

第四节 断子管理

一、冬季断子管理

蜂群安全越冬的基本要求是饲料充足、当年新王、强群和环境安静。

（一）越冬准备

1. **选择越冬场地**　蜂群的越冬场所有室外和室内两种。室外场地要求背风、向阳、干燥、卫生、僻静；室内场所要求房屋隔热性能良好，黑暗、安静、空气畅通，温、湿度稳定。

2. **布置越冬蜂巢**　越冬用的巢脾要求是黄褐色，在贮备越冬饲料时进行遴选。

越冬群势，长江以北地区须有 7 框及以上蜂数，长江中下游及以南地区须超过 3 框，调整群势要在繁殖越冬蜂时完成。

单箱体越冬，蜂数不足 5 框的蜂群，可以双群同箱饲养，半蜜脾放在闸板两侧，大蜜脾置于外侧；蜂数多于 5 框的蜂群，可以单群平箱越冬，中间放半蜜脾，两侧放大蜜脾，若均为大蜜脾，则应放宽蜂路（图5-35）。

双箱体越冬，黄河中下游地区，蜂数多

图 5-35　冬天蜜蜂挤在一起抱团取暖

于 5 框的蜂群，均可采用。上、下箱体放置相等的脾数，不加隔王板。例如，8 框蜂的双箱体，上、下箱体各放 5 张脾，蜂脾相对，上箱体放大蜜脾，下箱体放半蜜脾。也可巢脾全部放在继箱，巢箱空着。

越冬蜂巢的脾间蜂路设置为 15 毫米左右，对于较弱蜂群，要求蜂脾相称或蜂略多于脾，强群则蜂少于脾。

布置越冬蜂巢应在蜜蜂结团前完成。

3. **蜂箱摆放**　左右平衡，前低后高（除码垛外）。

（二）蜂群越冬管理

1. **北方蜂群室外越冬**　室外越冬简便易行，投资较少，适合我国广大地区。

（1）保温处置：

1）冬季最低气温在 –18℃以上的地区，如长江流域至黄河流域，蜂群强壮，不应进行保温处置。

2）冬季最低气温在 –20℃左右的地区，可用干草、秸秆把蜂箱的两侧、后面和箱底包围、垫实，副盖上盖草帘。箱内空间大应缩小巢门，箱内空间小则放大巢门（图 5-36）。

图 5-36　华北地区蜂群室外越冬保温处置

保温罩覆盖，须盖严不透光，前期白天盖、夜晚掀，间隔 7~10 天，白天放蜂排泄一次，随着温度转冷，盖好保温罩，停止放蜂工作，直到来年春天繁殖排泄为止。

3）冬季气温低于 –20℃的高寒地区，蜂箱上下、前后和左右都要用干草包围覆盖，巢门用 ∩ 形桥孔与外界相连，并在御寒物左右和后面砌成 ∩ 形围墙。也可堆垛保蜂或开沟放蜂对蜂群保暖处置。

堆垛保蜂。蜂箱集中一起形成堆垛，垛之间留通道，背对背，巢门对通道，然后在箱垛上覆盖帐篷或保蜂罩（图5-37）。夜间温度 –5~–15℃时，帐篷盖

图 5-37　湖北省蜂群越冬保温处置

住箱顶，掀起周围帆布；夜间温度 -15~-20℃时，放下周围帆布；-20℃以下时，四周帆布应盖严，并用重物压牢。在背风处保持篷布能掀起和放下，以便管理，篷布内气温高于 -5℃时要进行通风，立春后撤垛。四箱一组或成排放置的蜂群，可参照以上措施行保温处置。

开沟放蜂。在土质干燥地区，按 20 群一组挖东西方向的地沟，沟宽约 80 厘米、深约 50 厘米、长约 10 米，沟底铺一层塑料布，其上放 10 厘米厚干草，把蜂箱紧靠挨近北墙置草上，用支撑杆横在地沟上，上覆草帘遮蔽。通过掀、放草帘，调节地沟的温度和湿度，使其保持在 0℃左右，并维持沟内的黑暗环境。

（2）越冬管理：

1）防鼠。把巢门高度缩小至 7 毫米，使鼠不能进入。如发现巢前有腹无头的死蜂，应开箱捕捉，并结合药饵毒杀。

2）防火。要求越冬场所远离人多的地方，人不离蜂。

3）防热。御寒物包外不包内，巢门和上通气孔（折叠覆布一角）畅通。定期用"√"形钩勾出蜂尸和箱内其他杂物。大雪天气，勿清除箱周冰霜，但要及时清理巢门积雪，防止雪堵巢门或通气孔（图 5-38），同时对巢门进行遮挡。

图 5-38　保持巢门没有堵塞

室外越冬蜂群，要求蜂团紧而不散，寒冷天气箱内有轻霜而不结冰。在保温处置后，要求开大巢门，随着外界气温连续下降，逐渐缩小巢门。对有"热象"的蜂群，开大巢门，必要时撤去上部保暖物，待降温后再逐渐恢复。

4）防饿。越冬后期，给予缺食蜂群补充蜜脾，方法是把储备的蜜脾先在 35℃室内预热 12 小时，再靠蜂团放置，将空脾和结晶蜜脾撤出。

受饥饿的蜂群，尤其是饿昏被救活的蜂群，其蜜蜂寿命会大大缩短。

5）排泄。如果发现个别蜂群严重下痢，可于 8℃以上无风晴天的中午排泄，方法见第 81 页"13. 灾害天气蜂群管理"，如在越冬前期，大批蜂群普遍下痢，并且日趋严重，最好的办法是及时将蜂群运到南方繁殖。

2. 北方蜂群室内越冬　人工调节环境，管理方便，节省饲料。

（1）越冬室：有地下和半地下等形式，高度约 240 厘米，宽度有 270 厘米和 500 厘米两种，可放两排和四排蜂箱；墙厚 30~50 厘米，保暖好，温差小，防雨雪，湿度、通风和光线能调，还可加装空调或排风扇（图 5-39）。

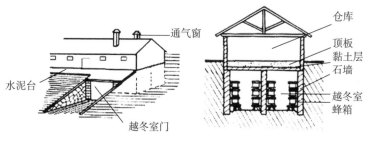

图 5-39 地下双洞越冬室结构

左：越冬室外形 右：侧面结构图

（引自 葛凤晨等）

（2）进窖与出窖：蜂群在水面结冰、阴处冰不融化时进入室内，如东北地区 11 月上中旬、西北和华北地区在 11 月底进入，在早春外界中午气温达到 8℃以上时即可出室。

（3）蜂箱码好：距墙 20 厘米摆放蜂箱，将其搁在 40~50 厘米高的支架上，叠放继箱群 2 层，平箱 3 层，强群在下，弱群在上，成行排列，排与排之间留 80 厘米通道，巢口朝通道便于管理（图 5-40）。

（4）管理：保持室内黑暗和安静，控制温度 -2~4℃，相对湿度 75%~85%。蜂箱开大巢门、折叠覆布。

入室初期，白天关闭门窗，夜晚敞开室门和通风窗，以便室温趋于稳定。

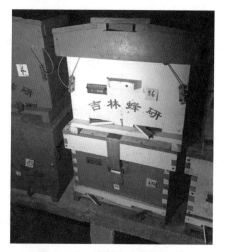

图 5-40 越冬室中蜂箱摆放

（朱勇 摄）

立冬前后，在中午温度高时将蜂箱搬出室外让蜂排泄，检查蜂群，抽出多余巢脾，留足糖脾。

室内过干可洒水增湿，过湿则增加通风排除湿气，或在地面上撒草木灰，使室内湿度达到要求。

3.南方蜂群越冬 南方冬季，蜂群断子越冬应在 45 天以上。

（1）关王、断子：蜂群在室外越冬或入室越冬之前，把蜂王用竹王笼关起来，强迫蜂群断子 45 天以上。

（2）防治蜂螨：待蜂巢内无封盖子时治螨。

（3）布置蜂巢：南方蜂群越冬蜂巢的布置除要求扩大蜂路外，其他同"北方蜂群室外越冬"。

（4）饲料：喂足糖饲料，抽出花粉脾。

（5）促蜂排泄：选择15℃以上无风晴暖天气让蜂排泄，或者参考第81页"灾害天气蜂群管理"进行。

（6）越冬场所：在室外越冬的蜂群，选择阴凉通风、干燥卫生、周围2千米内无蜜粉源的场地摆放蜂群，并给蜂群喂水。在室内越冬的蜜蜂，注意保持室内黑暗、通风、阴凉，中间要放蜂排泄（图5-41）。

图5-41　湖南澧县蜂群室内越冬

（7）防止空飞：利用保温罩遮光保温，白天盖、晚上掀。

4.**转地蜂群越冬**　计划12月至翌年1月往南方繁殖的北方蜂场，首先把饲料准备好，镶上框卡，钉上纱盖，在副盖上加盖覆布和草帘，蜂箱用秸秆等覆盖，尽量保持黑暗、空气流通、温度稳定，等待时日，随时启运。

二、夏季断子管理

7~9月，在我国广东、浙江、江西、福建等地，天气长期高温，蜜粉枯竭，蜂群断子或蜂王产卵量下降，敌害猖獗，蜜蜂活动减少，群势逐日下降。而在河南，亦有夏季蜂群繁殖下降或停止现象，尤其干旱天气，表现更为明显。

（一）越夏准备

1.**更换蜂王**　在越夏前1个月，养好1批蜂王，在其产卵10天后将其诱入蜂群，培育1批健康的越夏适龄蜂。河南等中原地区，利用4月育的新王越夏；若之前未换王，应在7月中下旬人为断子，有计划地培育蜂王，更换老、弱蜂王。

2.**准备饲料**　越夏前留足饲料脾，并有计划地储备一部分蜜脾，每框蜂需要1~2.5千克，不足的喂糖浆。

3.**调整群势**　越夏蜂群大小，中蜂应有3框以上，意蜂要有5框以上，强弱互补，弱群予以合并。提出多余巢脾。

4.**防病、治螨**　在越夏前，利用换王断子机会防治蜂螨。

（二）越夏管理

1.**选择场地**　选择有芝麻、乌桕、玉米、窿缘桉等蜜粉源植物较充足的地方放蜂，或选择海滨、山林和深山区作为越夏场地，空气流通，水源充足。

蜂场不选在谷底、半坡、低洼、水头处，预防水淹蜂箱（图5-42）。

2. **放好蜂群**　把蜂群摆放在排水良好的阴凉树下，蜂箱不得放在阳光直射下的水泥、沙石上。

3. **通风遮阳**　适当扩大巢门和蜂路，掀起覆布一角，但勿打开蜂箱的通气纱窗。利用树荫、秸秆遮阳，定地蜂场，也可建遮阳棚（图5-43）。

图5-42　水淹蜂箱

图5-43　一个定地蜂场搭建的遮阳棚
（苏学亮　摄）

4. **增湿降温**　在蜂箱四周洒水降温，在空气干燥时副盖上可放湿草帘，坚持喂水。

5. **减少干扰**　少开箱，少震动，避烟熏，防盗蜂，防胡蜂，防青蛙，防蟾蜍，防蚁穴，防巢虫。

6. **蜂病防治**　利用断子机会，防治蜂螨2次。预防农药中毒。

7. **管理巢门**　高度以7毫米为宜，宽度按每框蜂15毫米累计。

8. **繁殖措施**　在越夏期较短地区，可以关王断子，有蜜源出现后奖励饲养进行繁殖。在越夏期较长地区，适当限制蜂王产卵量，但要保持巢内有1~2张子脾，2张蜜脾和1张花粉脾，饲料不足须补充。

在有辅助蜜源的放蜂场地，应奖励饲喂，以繁殖为主，兼顾王浆生产。繁殖区不宜放过多的巢脾，蜂数要足。

在有主要蜜源的放蜂场地，无明显越夏期的，按生产期管理。

（三）后期管理

蜂王开始产卵，蜂群开始秋繁，这一时间的管理可参照繁殖期管理办法，做好抽脾缩巢、恢复蜂路、喂糖补粉、防止飞逃等工作，为蜂群越冬或冬蜜生产做准备。

第五节　转地放蜂

长途转地放蜂，一般从春到秋，从南向北逐渐赶花采蜜，最后南返。现在运输蜂群，多用汽车，方便快捷。

一、运前准备

先定蜜源，后选场地，凡是在人口密集、水道、坑洼或风口，都不适合搁蜂。场地选好后，与相关部门或协会签订放蜂协议。

（一）蜂群准备

1. **调整蜂群**　一个继箱群放蜂不超过14脾，上7下7，封盖子3~4框，多余子脾和蜜蜂调给弱群；一个平箱群有蜂不超过7脾，否则应加临时继箱。

2. **饲料要求**　每框蜂有0.5千克以上的成熟蜂蜜饲料。

3. **喂水**　繁殖时期运蜂，在装车前2小时，给每个蜂群喂水脾1张，并固定；或在装车时从巢门向箱底打（喷）水2~3次，在蜂箱盖或四周洒水降温。

（二）包装蜂群

1. **固定巢脾**　以牢固、卫生、方便为准。

（1）框卡（条）固定：在每条框间蜂路的两端各楔入一个框卡，并把巢脾向箱壁一侧推紧，再用寸钉把最外侧的隔板固定在框槽上，或用框卡条卡住框耳，并用螺钉固定（图5-44）。

（2）海绵条固定：用特殊材料制成的

图5-44　利用框卡固定巢脾

具有弹（韧）性的海绵条，置于框耳上方，高出箱口 1~3 毫米，盖上副盖、大盖，以压力使其压紧巢脾不松动（图 5-45）。用时与挑绳相结合。

2. 连接箱体　用绳索等把上下箱体及箱盖连成一体。用海绵压条压好巢脾后，紧绳器置于大盖上，挂上绳索，压下紧绳器杠，即达到箱体联结和固定巢脾的目的，随时可以挑运（图 5-46）。

图 5-45　利用海绵条压实巢脾框耳

图 5-46　捆扎蜂箱

（三）运输工具

运输车辆必须保险齐全，司机经验丰富。车况良好，干净无毒，车的吨位和车厢大小，应与所拉蜂量和装车方法（顺装或横装）相适应。谈妥价钱，签订运蜂合同，明确各方义务和责任。

蜂车总高度不得超过 4.5 米，启程后尽量走高速公路。

二、装车启运

在主要蜜源花期首尾相连时，应舍尾赶前。运输蜂群的时间，应避开处女蜂王出房前或交尾期，忌在蜜蜂采集兴奋期和刚采过毒时转场。

（一）关巢门运蜂装车

打开蜂箱所有通风纱窗，收起覆布，然后在傍晚大部分蜜蜂进巢后关闭巢门（若巢门外边有蜂，可用喷烟或喷水的方法驱赶蜜蜂进巢）。每年 1 月，北方蜂场赶赴南方油菜场地繁殖蜜蜂，对于弱群折叠覆布一角，强群则应取出覆布等覆盖物。

关门运蜂适合各种运输工具。蜂箱顺装，汽车开动，使风从最前排蜂箱的通风窗灌进，顺最后排的通风窗涌出。

（二）开巢门运蜂装车

必须是蜂群强、子脾多和饲料足，取下巢门挡开大巢门，适合繁殖期运蜂。

1. **装车时间** 白天下午装车。

2. **装蜂准备** 装卸人员穿戴好蜂帽和工作服，束好袖口和裤口，着带腰的胶鞋。在蜂车附近燃烧秸秆产生烟雾，使蜜蜂不追蜇人畜。另外，养蜂用具、生活用品事先打包，以便装车。

3. **装车操作** 装车以4个人配合为宜，1人喷水（洒水），每群喂水1千克左右，2人挑蜂，1人在车上摆放蜂箱。蜂箱横装，箱箱紧靠，巢门朝向车厢两侧；蜂箱顺装（适合阴雨低温天气或从温度高的地区向温度低的地区运蜂），箱箱紧靠，巢门向前。最后用绳索挨箱横绑竖捆，刹紧蜂箱（图5-47）。

图5-47 装车

国外养蜂，4箱一组置于托盘之上，使用叉车装卸节省劳力。

（三）开车启运的时间

蜂车装好后，如果是开巢门装车运蜂，则在傍晚蜜蜂都上车后再开车启运。如果是关巢门装车运蜂，捆绑牢固后就开车上路。黑暗有利于蜜蜂安静，因此，蜂车应尽量在夜晚前进，第二天午前到达，并及时卸蜂。

三、途中管理

（一）汽车关巢门运蜂途中管理

运输距离在500千米左右，傍晚装车，夜间行驶（图5-48），途中不停车，黎明前到达，天亮时卸蜂，到达场地后，将蜂箱卸下摆到合适位置，及时开启巢门，盖上大盖，翌日加盖覆布。

若需白天行驶，应避免中途停车，争取午前到达，减少行程时间和避免闷死蜜蜂（图5-49）。白天遇道路堵车应绕行，其他意外不能行车须当机立断卸车放蜂，傍晚再装运。

图5-48 夜晚运蜂

图 5-49　白天运蜂不停车
（引自　孔令波）

8~9月从北方往南方运蜂时，途中可临时放蜂；11月至翌年1月运蜂，应提前做好蜂群包装，途中不喂蜂、不放蜂，不洒水，关巢门，视蜂群大小折叠覆布一角或收起，避免剧烈震动。卸下蜂箱后，须等蜜蜂安静后或在傍晚再开巢门。

运输途中，严禁携带易燃易爆和有害物品，不得吸烟生火。注意装车不超高，押运人员乘坐位置安全，按照规定进行运输途中作业，防止意外事故发生。

（二）汽车开巢门运蜂途中管理

如果白天在运输途中遇堵车等原因，蜂车停住，或在第二天午前不能到达场地，应把蜂车开离公路，停在树荫下，待傍晚蜜蜂都飞回蜂车后再走。如果蜂车不能驶离公路，就要临时卸车放蜂，将蜂箱摆放在公路边上，巢门向外（背对公路），傍晚再装车运输。

临时放蜂或蜂车停住时，若其附近没有干净的水源，应在蜂车附近设喂水池或对巢门洒水。

四、卸车管理

到达目的地，蜂车停稳后，即可解绳卸车，或对巢门边喷水、边卸车，尽快把蜂群安置到位。

关门运蜂，蜂群安置到位后向巢门喷水（勿向纱盖喷水），待蜜蜂安静后，即可打开巢门。如果蜂群不动，有闷死的危险，则应立刻打开大盖、副盖，撬开巢门。

开门运蜂，如果运输途中停过车，蜜蜂偏集到周边的蜂箱里，在卸车时，须有目的地将蜂群分为3群一组，中间放中等群势的蜂群，两边各放1个蜂多的和蜂少的蜂群，2天后把左右两边的蜂群互换箱位，以平衡群势。

第六章
生产技术操作

蜂产品作为食品、保健品甚至药品进入市场，并被直接食用，在人们心目中具有极高的价值，质量、品质和卫生始终贯穿于生产前的准备、生产过程和贮存包装各个环节。生产者必须身体健康，着工装，戴帽戴口罩，注意个人卫生，严格遵守相关规定，讲究公德，使蜂蜜等蜂产品无任何的污染。

第一节 蜂蜜的生产

生产蜂蜜的方法有分离蜜、蜂巢蜜2种。

一、产前准备

准备好生产工具、贮存容器等，用清水冲洗，晒干备用，必要时使用75%的酒精消毒。在生产的当天早上，清扫蜂场并洒水，保持环境清洁卫生。

现在放蜂生产，通常方法是用两框换面式取蜜机摇出蜂蜜，三人配合，一人提脾脱蜂，一人割除蜜盖、还脾，一人摇蜜（图6-1）。

图6-1 蜂场取蜜生产

二、生产过程

（一）分离蜂蜜

1. 生产原理　分离蜂蜜是利用分蜜机的离心力，把贮存在巢房里的蜂蜜甩出来，并用容器承接收集。

2. 操作规程　3~4 人配合作业。

（1）清除蜜蜂：把附着在蜜脾上的蜜蜂脱离，常用抖蜂、吹蜂和脱蜂板等。

1）抖蜂。人站在蜂箱一侧，打开大盖，把贮蜜继箱搬下，搁置在仰放的箱盖上，并在巢箱上放 1 个一侧带空脾的继箱；然后推开贮蜜继箱的隔板，腾出空间，两手紧握框耳，依次提出巢脾，对准新放继箱内空处、蜂巢正上方，依靠手腕的力量，上下迅速抖动 2~3 下，使蜜蜂落下（图 6-2），再用蜂扫刷扫落巢脾上剩余的蜜蜂（图 6-3）。脱蜂后的蜜脾置于搬运箱内，搬到分离蜂蜜的地方。当蜂扫刷沾蜜发黏时，将其浸入清水中涮干净并甩净水后再用。抖脾脱蜂，要注意保持平稳，不碰撞箱壁和挤压蜜蜂。

图 6-2　提蜜脾抖落蜜蜂

图 6-3　扫落残余蜜蜂

2）吹蜂。将贮蜜继箱置于铁架上，将吹蜂机喷嘴朝向蜂路，吹落蜜蜂到蜂箱巢门前。

3）脱蜂板的用法。将脱蜂板置于巢箱与继箱中间，蜜蜂通过脱蜂板进入巢箱，约 24 小时，即可收取贮蜜箱体，既方便、省力，又能使蜜蜂稳定。

（2）切割蜜盖：左手握着蜜脾的一个框耳，另一个框耳置于井字形木架或其他支撑点上，右手持刀紧贴蜜房盖从下向上顺势徐徐拉动，割去一面房盖，翻转蜜脾，再割另一面（图 6-4），割完后送入分蜜机里进行分离。为提高切割效率，可采用电热割蜜刀切割，大型养蜂场还用电动割蜜盖机。

割下的蜜盖和流下的蜂蜜，用干净的容器承接起来，最后滤出蜡渣，蜂蜜作酿酒、醋的材料。

图6-4　割除蜜盖

图6-5　将蜜脾放入框笼中

（3）分离蜂蜜：将割除蜜房盖的蜜脾置于分蜜机的框笼里（图6-5），转动摇把，由慢到快，再由快到慢，逐渐停转，甩净一面后换面或交叉换脾，再甩净另一面（图6-6）。

图6-6　摇蜜

遇有贮蜜多的新脾，先分离出一面的一半蜂蜜，甩净另一面后，再甩净初始的一面。在摇蜜时，放脾提脾要保持垂直，避免损坏巢房。

大型或成熟蜂蜜生产蜂场，设置有取蜜车间或流动取蜜车，配备辐射式自动蜂蜜分离机等设备。在分离蜂蜜过程中，分蜜机的转速随着巢脾上蜂蜜被甩出从低速逐渐加快，并以250~350转/分的速度将巢脾中残留的蜂蜜分离出来。

图6-7　还脾

（4）归还巢脾：取完蜂蜜的巢脾，清除蜡瘤、削平巢房口后，立即返还蜂群（图6-7）。

采收平箱群的蜂蜜，首先要把该取的巢脾提到运转箱内，把有王脾和余下的巢脾按管理要求放好，再将蜜脾上的蜜蜂抖落于巢箱中，随抖蜂随取蜜、还脾。摇蜜速度以甩净蜂蜜而不甩动虫、蛹和损坏巢脾为准。

3. **注意事项**　选择蜜源丰富、环境良好的地方放蜂（图6-8），饲养强群，继箱采蜜贮蜜；主要蜜源泌蜜后开始清除蜂巢中原有蜂蜜，单独存放。贮蜜脾有1/3蜜房封盖时，于早上6~10时取蜜，新取蜂蜜浓度不低于40.5波美度[1]。

---

[1]波美度为非法定计量单位，生产中常用，本书仍保留，20℃下40.5波美度液态蜂蜜的含水量为22.3%。

图6-8　夏枯草——河南特色蜜源

（二）生产巢蜜

在蜜蜂把花蜜酿造成熟贮满蜜房、泌蜡封盖后直接作为商品被人食用的叫巢蜜。

1. **生产原理**　蜜蜂把花蜜贮藏在巢穴上部的巢房中，经过充分酿造，贮满蜜房后即泌蜡封盖，根据蜜蜂酿造蜂蜜的特点和人的消费需要，制造各种规格的巢蜜格（盒），引导蜜蜂在其上造脾贮蜜，直至封盖，然后包装待售。

2. **操作规程**

（1）组装巢蜜框：巢蜜框架大小与巢蜜盒（格）配套，四角有钉子，高约6毫米。先将巢蜜框架平置在桌上，把巢蜜盒每两个盒底上下反向摆在巢框内，再用24号铁丝沿巢蜜盒间缝隙竖捆两道，等待涂蜡（图6-9，图6-10）。

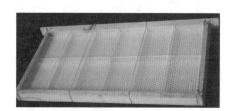

图6-9　组盒成框
（孙士尧　摄）

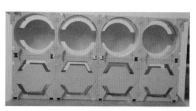

图6-10　圆形巢蜜盒、架组合

（2）镶础或涂蜡：

1）盒底涂蜡。首先将纯净的蜜盖蜡加开水熔化，然后把盒子础板（图6-11）在被水熔化的蜂蜡里蘸一下，再放到巢蜜盒内按一下，整框巢蜜盒就涂好了蜂蜡。涂蜡要尽量薄少。

2）格内镶础。先把巢蜜格套在格子础板上，再把切好的巢础置于巢蜜格中，用熔化的蜡液沿巢蜜格巢础座线将巢础粘固；或用巢蜜础轮沿巢础边缘与巢蜜格巢础座线滚动，使巢础与座线黏合。

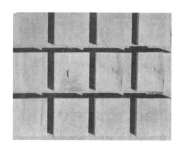

图6-11　巢蜜础板
（引自Killion，1975）

巢蜜础板比巢蜜盒或格的内围尺寸略小、按照要求组合一起的方木块，高约18毫米，包上绒布即是盒子巢蜜础板；反之，则为巢蜜格础板。

（3）造脾：利用生产前期蜜源造巢蜜脾，3~4天即可造好巢房。在巢箱上一次加两层巢蜜继箱，每层放 3 个巢蜜框架，上下相对，与封盖子脾相间放置，巢箱里放 6~9 张巢脾（图 6-12）。也可用十框标准继箱，将巢蜜盒、格组放在特制的巢蜜格框内（图 6-13）。

（4）采收：巢蜜盒（格）贮满蜂蜜并全部封盖后，把巢蜜继箱从蜂箱上卸下来，采收蜜蜂（图 6-14，图 6-15）。

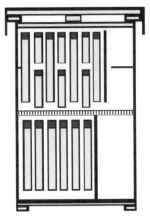

图 6-12　巢蜜格与子脾排列

图 6-13　将巢蜜格组装在普通巢框中造脾生产
（朱志强　摄）

图 6-14　采收——脱蜂
（朱志强　摄）

图 6-15　撤下巢蜜继箱后集中清垢灭虫
（引自　孔令波）

（5）灭虫：用含量为 56% 的磷化铝片剂对巢蜜熏蒸，在相叠密闭的继箱内按 20 张巢蜜脾放 1 片药，进行熏杀，15 天后可彻底杀灭蜡螟的卵、虫。

（6）修正：将灭过虫的巢蜜脾从继箱中提出，解开铁丝，用力推出巢蜜盒（格），然后用不锈钢刀逐个清理巢蜜盒（格）边沿和四角上的蜂胶、蜂蜡及污迹，对刮不掉的蜂胶等，用棉纱浸酒精擦拭干净，再盖上盒盖或在巢蜜格外套上盒子（图 6-16）。

（7）裁切：如果生产的是整脾巢蜜，则须经过裁切和清除边沿蜂蜜后进行包装（图6-17）。

图6-16　格子巢蜜的修整与包装

图6-17　用玻璃纸包裹后再用透明塑料盒包装

3.蜂群管理措施

（1）组织蜂群：单王生产群，在主要蜜源植物泌蜜开始的第二天调整蜂群，把继箱撤走，巢箱脾数压缩到6~7框，蜜粉脾提出（视具体情况调到副群或分离蜜生产群中），巢箱内子脾按正常管理排列后，针对蜂箱内剩余空间用闸板分开，采用二七分区管理法，小区作为交尾群（图6-18）。巢箱调整完毕，在其上加平面隔王板，隔王板上面放巢蜜箱。巢蜜箱中的巢蜜盒（格）框，蜂多群势好的多加，蜂少群势弱的少加，以蜂多于脾为宜。

（2）叠加继箱：组织生产蜂群时加第一继箱，箱内加入巢蜜框后，应达到蜂略多于脾，待第一个继箱贮蜜60%时，蜜源仍处于流蜜盛期，及时在第一个继箱上加第二个继箱，同时把第一个继箱前后调头，当第一个继箱的巢蜜房已封盖80%时，将第一个巢蜜继箱与第二个调头后的继箱互换位置（图6-19），若蜜源丰富，第二

图6-18　巢蜜生产群的蜂巢

图6-19　巢蜜继箱垒加顺序
1.第一继箱　2.第二继箱

个继箱贮蜜已达70%，则可考虑加第三继箱，第三继箱直接放在前两个继箱上面，第一个继箱的巢蜜房完全封盖时，及时撤下。

图6-20 巢蜜生产蜂群
（孔令波 摄）

（3）控制分蜂：生产巢蜜的蜂群须应用优良新王，及时更换老劣蜂王；加强遮阳通风；积极进行王浆生产。

（4）控制蜂路：采用10框标准继箱生产整脾巢蜜时，蜂路控制在5~6毫米为宜；采用10框浅继箱生产巢蜜时，蜂路控制在7~8毫米为佳（图6-20）。

控制蜂路的方法。在每个巢蜜框（或巢蜜格支撑架）与小隔板的一面四个角部位钉4个小钉子，每个钉头距巢框5~6毫米。相间安放巢框和隔板时，有钉的一面朝向箱壁，依次排列靠紧，最后用两根等长的木棒（或弹簧）在前后两头顶住最外侧隔板，另一头顶住箱壁，挤紧巢框，使之竖直、不偏不斜，蜂路一致。

（5）促进封盖：当主要蜜源即将结束，蜜房尚未贮满蜂蜜或尚未完全封盖时，须及时用同一品种的蜂蜜强化饲喂。没有贮满蜜的蜂群喂量要足，若蜜房已贮满等待封盖，可在每天晚上酌情饲喂。饲喂期间揭开覆布，加强通风、排除湿气。

（6）预防盗蜂：为被盗蜂群做一个长宽各1米、高2米，四周用尼龙纱围着的活动纱房，罩住被盗蜂群。被盗不重时，只罩蜂箱不罩巢门；被盗严重时，蜂箱、巢门一起罩上，开天窗让蜜蜂进出，待盗蜂离去、蜂群稳定后再搬走纱房。而利用透明无色塑料布罩住被盗蜂群，亦可达到撞击、恐吓直至制止盗蜂的目的。

在生产巢蜜期间，各箱体不得通过前后错开来增加空气流通。

4. **注意事项** 新王、强群和蜜源充足是提高巢蜜产量的基础，选育产卵多、进蜜快、封盖好、抗病强、不分蜂的蜂群（如用东北黑蜂为母本、黄色意蜂作父本的单交或双交蜂种）连续生产，安排2/3的蜂群生产巢蜜，1/3的蜂群生产分离蜜，在流蜜期集中生产，流蜜后期或结束，集中及时喂蜜。

在生产巢蜜的过程中，严格按操作规程、食品卫生要求、巢蜜质量标准进行。坚持用浅继箱生产，控制蜂路大小和巢蜜框竖直（图6-21）。防止污染，不用病群生产巢蜜。饲喂的蜂蜜必须是纯净、符合卫生标准的同品种蜂蜜，不得掺入其他品种的蜂蜜或异物，饲喂工

图6-21 巢蜜脾竖封盖才平整
（朱志强 摄）

具无毒，用于灭虫的药物或试剂，不得过量，避免对巢蜜外观、气味等方面造成污染。在巢蜜生产期间，不允许给蜂群喂药。

三、包装贮存

1.**包装**　分离出的蜂蜜，及时撇开上浮的泡沫和杂质，并用80目、100目无毒滤网过滤，再装入专用包装桶内，每桶盛装75千克或100千克（图6-22～图6-24），贴上标签，注明蜂蜜的品种、浓度、生产日期、生产者、生产地点和生产蜂场等，最后封紧桶口（图6-25），贮存于通风、干燥、清洁的仓库中，按品种、浓度进行分等、分级，分别堆放、码好，不露天存放（图6-26）。在运输时，将蜜桶叠好、捆牢，尽量避免日晒雨淋，缩短运输时间。

图6-22　蜂蜜临时置于包装桶中　图6-23　在蜂场过滤蜂蜜　图6-24　在蜂场过滤后的蜂蜜
（朱志强　摄）

图6-25　贮存蜂蜜　　　　　　　　图6-26　地下蜜库

2.**巢蜜分级**　根据巢蜜的平整与否、封盖颜色、花粉有无、重量等进行分级和分类，剔除不合格产品，然后装箱，巢蜜盒侧立，在每两层巢蜜盒之间放1张纸，防止盒盖的磨损，再用胶带纸封严纸箱（图6-27），最后把整箱巢蜜送到通风、干燥、清洁、温度20℃以下、室内相对湿度50%~75%的仓库中保存。按品种、等级、类型分垛码放，纸箱上标明防晒、防雨、防火、轻放等标志。

图6-27 巢蜜装箱
（胡国琴 摄）

在运输巢蜜过程中,减少震动、碰撞,苦好、垫好,避免日晒雨淋,防止高温,尽量缩短运输时间。

第二节 蜂王浆的采集

一、产前准备

蜂王浆是工蜂舌腺和上颚腺分泌的混合物,用于饲喂蜜蜂小幼虫和蜂王的食物。清洁生产场所,气温20~30℃、相对湿度75％~80％。如果空气干燥,可在地面喷洒温水。移虫时须避免阳光直射幼虫。

生产人员身体健康,穿工装,戴口罩,戴一次性帽子。工具、容器消毒。

二、生产过程

（一）计量蜂王浆的采集

1. **生产原理** 模拟蜂群培育蜂王特点,仿造自然王台,引诱蜜蜂泌浆。

蜂群长大后,就要分家（蜂）,在分家之前,在脾下缘建造王台,蜂王产卵,年轻工蜂向王台中分泌大量的蜂王浆喂幼虫（图6-28）;如果蜂群

图6-28 自然王台

中没有蜂王，也没有王台，工蜂就将有 3 日龄内小幼虫的工蜂房改造成王台，并喂给大量的蜂王浆，培养这条小幼虫长成蜂王。根据上述现象，人们模拟自然王台制作人工王台基——蜡碗或塑料台基（条），把 3 日龄内的工蜂小幼虫移入人工王台基内放进蜂群，同时通过把蜂群养大和蜂巢分区等管理措施，促使蜂群产生育王欲望，引诱工蜂分泌王浆来喂幼虫，待王台内积累的蜂王浆量最多时取出，捡出幼虫，把蜂王浆挖（吸）出来，贮存在容器中，这就是一般蜂王浆的生产原理。

2. 操作规程

（1）安装浆框：用蜡碗生产的，首先粘装蜡台基，每条20~30个；用塑料台基生产的，每框装4~10条，用金属丝将其捆绑在浆框条上（图6-29）。蜡碗可使用6~7批次，塑料台基用几次后，清理浆垢和残蜡1次，清水冲洗后再继续使用。

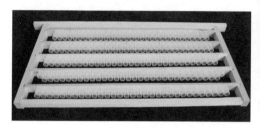

图 6-29　将塑料台基条捆绑在王浆框上

（2）工蜂修台：第一次用安装好的浆框，插入产浆群中，蜂蜡台基让工蜂修理 2~3 小时，即可取出移虫，掉的台基补上，啃坏的台基换掉；塑料台基，置于产浆群中修理 12 小时。

（3）人工移虫：从供虫群中提出虫脾，左手提握框耳，轻轻抖动，使蜜蜂跌落箱中，再用蜂扫刷落余蜂于巢门前。虫脾平放在承脾木盒中（图 6-30），使光线照到脾面上，再将育王框（或王台基条）置其上，转动待移虫的台基条，使台基口向上斜。

图 6-30　承放幼虫脾的托盘

选择巢房底部王浆充足、有光泽、孵化约 24 小时的工蜂幼虫，将移虫针的舌端沿巢房壁插入房底，从王浆底部越过幼虫，顺房口提出移虫针，带回幼虫，再将移虫针端部送至台基底部，推动推杆，用移虫针的舌部将幼虫推向台基的底部，然后退出移虫针（图6-31，图6-32）。

图 6-31　移虫

图6-32　移入王台中的小幼虫

图6-33　移虫针的正确用法

图6-34　涂些王浆

移虫时不挤碰幼虫，做到轻、快、稳、准，操作熟练，不伤幼虫和防止幼虫移位（图6-33），速度3~5分钟移100条左右。

（4）插框：移好1框，将王台口朝下放置，及时加入生产群继箱中。暂时置于继箱的，上放湿毛巾覆盖，待满箱后同时放框；或将台基条竖立于桶中，上覆湿毛巾，集中装框，在下午或傍晚插入最适宜。

（5）补移幼虫：移虫2~3小时后，提出浆框进行检查，凡台中不见幼虫的（蜜蜂不护台）均需补移，使接受率达到90%左右。补虫时可在未接受的台基内点一点儿鲜蜂王浆再移虫（图6-34）。

（6）收取浆框：移虫62~72小时，在下午1~3时提出浆框（图6-35），捏住浆框一端框耳轻轻抖动，把上面的蜜蜂抖落于原处，用清洁的蜂刷拂落余蜂（图6-36）。

图6-35　收取浆框

图6-36　浆框

收框时观察王台接受率、王台颜色和蜂王浆是否丰盈，如果王台内蜂王浆充足，可再加1条台基，反之，可减去1条台基。同时在箱盖上做上记号，比如写上"6条""10条"等字样，在下浆框时不致失误。

将提出的浆框放在周转箱内（图6-37），或卸下的王台条将其集中在桶中，上覆干净的湿纱布或毛巾，等待捡虫和挖浆。

（7）削平房壁：用喷雾器从上框梁斜向下对王台喷洒少许冷水（勿对王台口），用割蜜刀削去王台顶端加高的房壁，或者顺塑料台基口割除加高部分的房壁，留下长约10毫米有幼虫和蜂王浆的基部（图6-38），勿割破幼虫，同时，清除未接收王台的赘蜡（图6-39）。

图6-37　浆框周转箱

图6-38　割王台壁

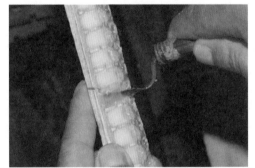

图6-39　清除未接收王台的赘蜡

（8）捡虫：削平王台后，立即用镊子夹住幼虫的上部表皮，将其拉出，放入容器（图6-40），注意不要夹破幼虫，也不要漏捡幼虫。

图6-40　捡虫

（9）挖浆：用挖浆铲顺房壁插入台底，稍旋转后提起，把蜂王浆刮带出台，然后刮入蜂王浆瓶（壶）内（瓶口可系1线，利于刮落），并重复一遍以刮尽（图6-41，图6-42）。

至此，生产蜂王浆的流程完成（图6-43），历时2~3天，但蜂王浆的生产由第一批结束，开始第二批，取浆后尽

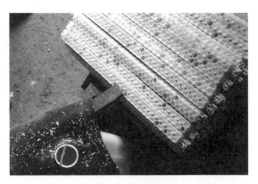

图6-41　等待移虫

图6-42　挖浆

图6-43　一个取浆流程结束

可能快地把幼虫移入刚挖过浆还未干燥的前批台基内。未接受的台基，涂抹一点儿王浆，之后移虫。如人员富足，应分批提浆框→分批取王浆→分批移幼虫→随时下浆框，循环生产。

3. 蜂群管理

（1）生产群组织：

1）大群产浆。春季提早繁殖，群势平均达到9~10框，工蜂满出箱外，蜂多于脾时，即加继箱，巢、继箱之间加隔王板，巢箱繁殖，继箱生产。

选产卵力旺盛的新王导入产浆群，维持强群群势11~13脾蜂，使之长期稳定在8~10张子脾，2张蜜脾，1张专供补饲的花粉脾（大流蜜后群内花粉缺乏时须迅速补足）。巢箱为7脾，继箱4~6脾。这种组织生产群的方式适宜小转地、定地饲养。春季油菜大流蜜期用10条33孔大型台基条取浆，夏秋用6~8条台基条取浆。

2）小群产浆。平箱群蜂箱中间用立式隔王板隔开，分为产卵区和产浆区，2区各4脾。产卵区用1块隔板，产浆区不用隔板。浆框放于产浆区中间，两边各2脾。流蜜期，产浆区全用蜜脾，产卵区放4张脾供产卵；无蜜期，蜂王在产浆区和产卵区10天一换，使8框均为子脾。

（2）供虫群组织：

1）虫龄要求。主要蜜源花期，选移15~20小时龄的幼虫；在蜜、粉源缺乏时期则选移24小时龄的幼虫，同一浆框移的虫龄大小一定要均匀。

2）虫群数量。早春将双王群繁殖成强群后，在拆除部分双王群时，组织双王小群——供虫群（图6-44）。供虫群占产浆群数量的12%，例如，一个有产浆群100群的蜂场，可组织双王群12箱，共24只蜂王产卵，分成A、B、C、D4组，每组3群，

图 6-44　双王供虫群

每天确保 6 脾适龄幼虫供移虫专用。

3）组织方法。在组织供虫群时，双王各提入 1 框大面积出房子脾放在闸板两侧，出房蜜蜂维持群势。A、B、C、D 4 组分 4 天依次加脾，每组有 6 只蜂王产卵，就分别加 6 框老空脾，老脾色深、房底圆，便于快速移虫。

4）调用虫脾。向供虫群加脾供蜂王产卵，到提出幼虫脾供移虫的间隔时间为 4 天，4 组供虫群循环加脾和供虫，加脾和用脾顺序见表 6-1。

表 6-1　专用供虫群加脾和用脾顺序　（单位：天）

	加空脾供产卵	提出移虫	加空脾供产卵	调出备用	提出移虫	加空脾供产卵	调出备用
A	1_{P1}	5_{P1}	5_{P2}	6_{P1}	9_{P2}	9_{P3}	10_{P2}
B	2_{P1}	6_{P1}	6_{P2}	7_{P1}	10_{P2}	10_{P3}	11_{P2}
C	3_{P1}	7_{P1}	7_{P2}	8_{P1}	11_{P2}	11_{P3}	12_{P2}
D	4_{P1}	8_{P1}	8_{P2}	9_{P1}	12_{P2}	12_{P3}	13_{P2}

注：P1、P2、P3 分别为第一次加的脾、第二次加的脾、第三次加的脾。

移虫后的巢脾返还蜂群，待第二天调出作为备用虫脾。移虫结束，若巢脾充足，备用虫脾即调到大群，否则，用水冲洗大小幼虫及卵，重新作为空脾使用。

春季气温较低时，空脾应在提出虫脾的当天下午 5 时加入；夏天气温较高时，空脾应在次日上午 7 时加入。

5）维持群势。长期使用供虫群，按时调入老子脾，撤出空脾。

专业生产蜂王浆的养蜂场，应组织大群数 10% 的交尾群（图 6-45），既培育蜂王又可与大群进行子、蜂双向调节，不换王时将交尾群中的卵或幼虫脾不断调入大群哺养，快速发展大群群势。

6）小蜂场组织供虫群。选双王群，将一侧蜂王和适宜产卵的黄褐色巢脾（育

图 6-45　新王、单王供虫群

过几代虫的）一同放入蜂王产卵控制器，蜂王被控制在空脾上产卵 2~3 天，第 4 天后即可取用适龄幼虫，并同时补加空脾，一段时间后，被控的蜂王与另一侧的蜂王轮流产适龄幼虫。

（3）生产群管理：

1）双王繁殖，单王产浆。秋末用同龄蜂王组成双王群，繁殖适龄健康的越冬蜂，为来年快速春繁打好基础。双王春繁的速度比单王快，加上继箱后采用单王群生产。

2）换王选王，保持产量。蜂王年年更新，新王导入大群，50~60 天后鉴定其蜂王浆生产能力，将产量低的蜂王迅速淘汰再换上新王。

3）调整子脾，大群产浆。春秋季节气温较低时提 2 框新封盖子脾保护浆框，夏天气温高时提上 1 框子脾即可。10 天左右子脾出房后再从巢箱调上新封盖子脾，出房脾返还巢箱以供产卵。

4）维持蜜、粉充足，保持蜂多于脾。在主要蜜粉源花期，养蜂场应抓住时机大量繁蜂；蜜粉源缺乏时期，要及时补足饲料，蛋白质宜喂花粉，也可用替代产品，夜间用糖浆奖饲，确保哺育蜂的营养供给。

定地和小转地蜂场，在产浆群贮蜜充足的情况下，做到糖浆"二头喂"，即浆框插下去当晚喂 1 次，以提高王台接受率；取浆的前一晚喂 1 次，以提高蜂王浆产量。大转地产浆蜂场，始终保持蜂群有充足的蜂蜜饲料。

5）控制蜂巢温、湿度。蜂巢中产浆区的适宜温度是 35℃ 左右，相对湿度是 75% 左右。气温高于 35℃ 时，应将蜂箱放在阴凉地方或在蜂箱上空架起凉棚，注意通风，必要时可在箱盖外浇水降温，最好是在副盖上放一块湿毛巾。

6）蜂蜜和王浆分开生产。生产蜂蜜时间宜在移虫后的次日进行，或上午取蜜、下午采浆。

7）分批生产。备 4 批台基条，第四批台基条在第一批产浆群下浆框后的第三天上午用来移虫，下午抽出第一批浆框时，立即将第四批移好虫的浆框插入，达到连续产浆的目的。第一批的浆框可在当天下午或傍晚取浆，也可在第二天早上取浆，取浆后上午移好虫，下午把第二批浆框抽出时，立即把这第一批移好虫的浆框插入第二批产浆群中，如此循环，周而复始（图 6-46~ 图 6-48）。

图 6-46 暂时保存移好虫的王浆条

图 6-47　临时装运供虫脾

图 6-48　等待加入生产群的移好虫的浆框

4. 注意事项

1）选用良种。选择蜂王浆高产和 10-HDA 含量高的种群，培育产浆蜂群的蜂王。引进王浆高产蜂种，然后进行育王，选育出适合本地区的蜂王浆高产品种。

2）强群生产。产浆群应常年维持 12 框蜂及以上的群势（图 6-49），巢箱 7 脾，继箱 5 脾，长期保持 7~8 框四方形子脾（巢箱 7 脾，继箱 1 脾）。

3）下午取浆。下午取浆比上午取浆产量约高 20%。

4）选择浆条。根据技术、蜂种和蜜源，

图 6-49　蜂王浆生产蜂群

选择圆柱形有色（如黑色、蓝色、深绿色等）台基条，适时增加或减少王台数量。一般 12 框蜂用王台 100 个，强群 1 框蜂放台数 8~10 个。外界蜜粉不足，蜂群群势较弱，减少放台数量。王台数量与蜂王浆总产量呈正相关，而与每个王台的蜂王浆量和 10-HDA 含量呈负相关。

5）长期、连续取浆。早春提前繁殖，使蜂群及早投入生产。在蜜源丰富季节抓紧生产，在有辅助蜜源的情况下坚持生产，在蜜源缺乏但天气允许的情况下，视投入产出比，喂蜜喂粉不间断生产，喂蜜喂粉要充足。

6）虫龄适中、虫数充足。利用副群或双王群，建立供虫群，适时培育适龄幼虫。48 小时取浆，移 48 小时龄的幼虫；62 小时取浆，移 36 小时龄的幼虫；72 小时取浆，移 24 小时龄内的幼虫。适时取浆，有助于防止蜂王浆老化或水分过大（图 6-50）。

7）饲料充足。选择蜜粉丰富、优良的蜜源场地放蜂，蜜粉源缺乏季节，浆框放幼虫脾和蜜粉脾之间，在放入浆框的当晚和取浆的前1天傍晚奖励饲喂，保持蜂王浆生产群的饲料充足（图6-51）。

图6-50　培育适龄王浆虫

8）加强管理，防暑降温。外界气温较高时浆框可放边二脾的位置，较低时应放中间位置。

9）蜂群健康，防止污染。生产蜂群须健康无病，整个生产期和生产前1个月不用抗生素等药物杀虫治病。捡虫时要捡净，把有割破幼虫的蜂王浆移出另存或舍弃。

图6-51　充足的食物是引诱工蜂泌浆喂虫的基本条件
（叶振生　摄）

10）保证卫生。严格遵守生产操作规程，生产场所要清洁，空气流通，所有生产用具应用75%的酒精消毒，生产人员身体健康，注意个人卫生，工作时戴口罩和帽子、着工作服。取浆时不得将挖浆工具和移虫针插入其他物品中，盛浆容器务必消毒、洗净和晾干，整个生产过程尽可能在室内进行，禁止无关的物品与蜂王浆接触。

（二）计数蜂王浆的采集

1. **生产原理**　蜂王浆在销售、保存和使用时，均以1个王台为基本单位进行，即将装满蜂王浆的王台从蜂群提出，捡净幼虫，立即消毒、装盒贮存，或者从蜂群中取出王台，连幼虫带王台，经消毒处理后装盒冷冻保存。

2. **操作规程**

（1）组装王台绑浆框：将单个王台推进王台条座的卡槽内，12个王台组成1个王台条，浆框的每一个框梁上捆绑2个王台条，再把每个王台条用橡皮圈固定在浆框的框梁上（图6-52）。根据王台条的长短，在浆框木梁两端及中间各

图6-52　计数蜂王浆框
（孙士尧　摄）

钉1个小钉，钉头距木框3毫米，用橡皮圈绕木梁一周后捆住王台条，然后挂在小钉3毫米的钉头上。

（2）插浆框诱蜂泌浆：将移好虫的浆框及时插入产浆群，初次生产，要提前1~2小时将产浆群中的虫脾和蜜粉脾移位，使之相距30毫米，插框时徐徐放下，不扰乱蜂群的正常秩序。在插浆框的同时插入待修王台的浆框。

一般情况下，蜂群达到8~9框蜂的可插入有72个王台的浆框；达到12框蜂的可插入有96个王台的浆框；达到14框蜂以上的可插入有144个王台的浆框，或隔日错开再插入96个王台的浆框，保持一个大群有2个浆框。但在蜜源、蜂群不太好的情况下，即使插入1个浆框也要酌情减少王台数量，首先减去上面的1条，然后减去下面的1条，留中间2条，这样王台条刚好在蜂多的位置，以便工蜂泌浆育虫和保温。

（3）及时补虫或换台：补虫方法同计量蜂王浆的生产。此外，还可把已接受幼虫的王台集中一框继续生产，没接受幼虫的王台重新组框移虫再生产。

（4）收浆装盒换次品：收取时间一般在移虫后60~70小时，边收浆框边在原位置放进移好虫的浆框，或把前1天放入的浆框移到该位置，并加入待修台的浆框，以节约时间，并减少开箱次数。将附着在浆框上的蜜蜂轻轻抖落在蜂箱内，再用清洁的蜂扫刷拂去余蜂，或用吹蜂机吹落蜜蜂，勿将异物吹进王台中。

从浆框梁上解开橡皮圈，卸下王台条，用镊子小心捡拾幼虫，注意不能使王台口变形，一旦变形要修整如初，否则，应与不足0.5克的王台一同换掉，使整条王台内的蜂王浆一致，上口高度和色泽一样，另外还要注意蜂王浆状态不被破坏。

取出的王台蜂王浆经清污消毒后，将王台条推进王台盒底的插座内，放2支取浆勺，盖上盒盖（图6-53）。

图6-53　计数蜂王浆（示：底座和台基）

（孙士尧　摄）

3.**蜂群管理**　用隔王板把生产群的蜂巢隔为生产区和繁殖区，生产区将小幼虫脾放中间，粉脾放两侧，往外是新封盖蛹脾和蜜脾，浆框插在幼虫脾和粉蜜脾之间。生产一段时间后，蜜蜂形成条件反射，就可以不提小虫脾放继箱，巢脾的排列则为蜜粉脾在两边，浆框两侧放新封盖蛹脾，每6天（2个产浆期）调整1次蜂群，从巢箱内或其他蜂群中，给产浆区调入幼虫脾或新封盖子脾，促使更多哺育蜂在此处集结泌浆育虫，在生产期，浆框两侧不少于1张封盖蛹脾。

选育王浆高产蜂种，保持食物充足，坚持调脾连产。

保持蜂多于脾，饲料充足，视群势强弱增减王台数量。

4. **注意事项** 每个王台内蜂王浆含量不少于0.5克，王台口蜡质洁白或微黄，高低一致，无变形、无损坏；王台内的幼虫要求取出的，应全部捡净，并保持蜂王浆状态不变。

三、包装贮藏

1. **计量蜂王浆** 及时用60目或80目滤网，经过离心或加压过滤[养蜂场或收购单位严禁在久放或冷藏（冻）后过滤]，按0.5千克、1千克和6千克分装入专用瓶或壶内并密封（图6-54），存放在-15~-25℃的冷库或冰柜中贮藏。

图6-54 内衬袋外套盒包装王浆

蜂场野外生产，应在篷内挖1米深的地窖临时保存，上盖湿毛巾，并尽早交售。

2. **计数蜂王浆** 浆框提出蜂箱后，取虫、清污、消毒、装盒和速冻，以最快的速度进行，忌高温和暴露时间过长。盒子透明，不能磨损和碰撞，盒与盒之间由瓦楞纸相隔，置于专用泡沫箱内，送冷库冷冻存放。

第三节 蜂花粉的收集

蜂花粉的收集包括脱花粉和收蜂粮。

一、产前准备

1. **脱粉时间安排** 一个花期，应从蜂群进粉略有盈余时开始脱粉，而在大流蜜开始时结束，或改脱粉为抽粉脾。一天当中，山西省大同地区的油菜花期、太行山区的野皂荚蜜源在7~14时脱粉，有些蜜源花期可全天脱粉（在湿度大、粉足、流蜜差的情况下），有些只能在较短时间内脱粉，如玉米和莲花，只有在上午 7~10 时才能生产到较多的花粉。在一个花期内，如果蜜、浆、粉兼收，脱粉应在上午 9 时以前进行，下午生产蜂王浆，两者之间生产蜂蜜。当主要蜜源大泌蜜开始时，要取下脱粉器，集中力量生产蜂蜜。

2. **蜂群**　通过管理，蜂王年轻力壮，单王群 8~9 框蜂（有 5 脾蜂的蜂群也可以投入生产），双王群 12 框蜂以上。

3. **选好场地**　生产蜂花粉的环境要求植被丰富，空气清新，无飞沙与扬尘；周边环境卫生，无苍蝇等飞虫；远离化工厂、粉尘厂。

4. **粉源植物**　一群蜂应有油菜 3~4 亩、玉米 5~6 亩、向日葵 5~6 亩、荞麦 3~4 亩供采集，五味子、杏树、莲藕、茶叶、芝麻、栾树、葎草、虞美人、党参、西瓜、板栗、野菊、野皂荚、杏（图 6-55）等蜜源花期，都可进行生产；避开有毒有害蜜源。

图 6-55　杏花

二、生产过程

（一）收集花粉

目前，蜂花粉多由巢门脱粉器生产。

1. **生产原理**　蜜蜂采集植物的花粉，并在后足花粉篮中堆积成团带回蜂巢（图 6-56），在通过巢门设置的脱粉孔时其后足携带的两团花粉就被截留下来，待集粉盒内蜂花粉积累到一定量后，集中收集晾（烘）干。

2. **操作规程**

图 6-56　蜂花粉的采集
（朱志强　摄）

（1）安装脱粉器：先把蜂箱垫成前低后高，左右平衡，取下巢门挡，清理、冲洗巢门及其周围的箱壁（板）；然后，把脱粉器紧靠蜂箱前壁巢门放置，并与箱底垂直，堵住蜜蜂进出蜂巢除脱粉孔以外的所有空隙。

（2）放置集粉盒：在脱粉器下安置簸箕形塑料盒，使蜜蜂刮下的花粉团自动滚落盒内（图 6-57）。

图6-57　巢门脱粉

图6-58　晒晒蜂花粉

（3）采收：集粉盒内蜂花粉积累到一定量时，及时、集中收集。

（4）干燥：自然晒晒，将蜂花粉均匀摊开在无毒干净的塑料布或竹席上，厚度10毫米为宜，并在其上覆盖一层棉纱布。晒晒初期勿翻动，如有疙瘩，2小时后用薄木片轻轻拨开（图6-58）。

尽可能一次晒干，干的程度以手握一把蜂花粉听到唰唰的响声为宜。若当天晒不干，应装入无毒塑料袋内，第二天继续晒晒或做其他干燥处理。对莲花粉，3小时左右须晒干。

恒温干燥，把花粉放在烘箱托盘的棉纱布上，接通电源，调节烘箱温度至45℃，8小时左右即可收取保存。

3. 蜂群管理

（1）选择脱粉工具：10框以下的蜂群选用二排及以上的脱粉器，10框以上的蜂群选用三排及以上的脱粉器。

西方蜜蜂一般选用4.8~4.9毫米孔径的脱粉器，例如，山西省大同地区的油菜花期、内蒙古的葵花期、河南省驻马店的芝麻花期和南方茶叶花期、四川的蚕豆和板栗花期。4.6~4.7毫米孔径的适用于中蜂脱粉。

（2）组织脱粉蜂群：在生产花粉15天前或进入粉源场地后，有计划地从强群中抽出部分带幼蜂的封盖子脾补助弱群，使之在植物开花时达到8~9框的群势，或组成10~12框蜂的双王群，增加生产群数。

（3）蜂王管理：使用良种、新王生产，在生产过程中不换王、不治螨、不介绍王台，这些工作要在脱粉前完成。同时要少检查、少惊动。

（4）选择巢门方向：春天巢向南，夏、秋面向东北方向，巢口不对风口，避免阳光直射。

（5）蜂数足、繁殖好：在开始生产花粉前45天至花期结束前30天，有计划地培育适龄采集蜂，做到蜂群中卵、虫、蛹、蜂的比例正常，蜂和脾的比例相当或蜂略多于脾，幼虫发育良好。

（6）蜂蜜足、花粉够：蜂巢内花粉够吃不节余，或保持花粉略多于消耗。无蜜源时先喂好底糖，有蜜采进但不够当日用时，每天晚上喂，达到第二天糖蜜的消耗量，特别是干旱天气更应每晚饲喂。

在生产初期，将蜂群内多余的粉脾抽出妥善保存；在流蜜较好时进行蜂蜜生产，应有计划地分批分次取蜜，给蜂群留足糖饲料，以利蜂群繁殖。

（7）连续脱粉，雨后及时脱粉。

（8）防止热伤、偏集：脱粉过程中若发现蜜蜂趴在蜂箱前壁不进巢、怠工，巢门堵塞，应及时揭开覆布、掀起大盖或暂时拿掉脱粉器，以利通风透气，积极降温，查明原因并及时解决。气温在34℃以上时应停止脱粉。

若对全场蜂群同时脱粉，同一排的蜂箱要同时安装或取下脱粉器（图6-59），防止蜜蜂钻进他箱。

4.注意事项

（1）防止污染：生产蜂群健康，产前冲刷箱壁，在蜜粉源植物施药或刮风天气，停止生产。晾晒花粉须罩纱网或覆盖纱布，防止飞虫光顾。不得在沥青、油布（毡）上晾晒花粉，以免变黑和沾染毒物。

图6-59 同一排蜂同时装脱粉器

蜜蜂健康，脱粉中不治螨，不使用升华硫，不用病群生产。

（2）防混杂和破碎：集粉盒面积要大，当盒内积有一定量的花粉时要及时倒出晾干，以免压成饼状。

在采杂粉多的时间段内和采杂粉多的蜂群，所生产的花粉要与纯度高的花粉分批收集，分开晾晒，互不混合（图6-60，图6-61）。

图6-61 杂花粉
（李长根 摄）

图6-60 青麸杨花粉

（二）获取蜂粮

蜂粮是由工蜂采集花粉经过唾液、乳酸菌等混合酿造并贮藏在巢房中的固体物质，为蜜蜂的蛋白质食物（图6-62）。蜂粮的质量稳定，口感好，卫生指标高于蜂花粉，营养价值优于同种粉源的蜂花粉，易被人体消化吸收，而且不会引起花粉过敏症。

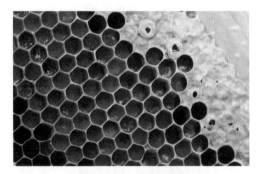

图6-62　红色蜂粮

塑料巢脾生产的是颗粒状的蜂粮，蜡质巢脾生产的是切割成各种造型的块状蜂粮。另外，生产蜂粮，还可参照生产盒装巢蜜的方法，用巢蜜盒生产蜂粮。

蜂粮专用蜡质巢脾造好后要让蜂王产卵育虫2~3代，然后再用于蜂粮生产。

1. 生产原理　利用可拆卸和组装的蜂粮专用塑料巢脾（图6-63），或使用纯净的蜜盖蜡轧制的巢础、无础线筑造的蜂粮专用蜡质巢脾，通过管理促使蜜蜂在其上贮藏花粉并酿造成蜂粮。

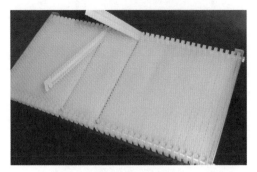

图6-63　分合式巢房组成蜂粮专用巢脾
（张少斌　摄）

2. 操作规程

（1）单王群生产：用隔王栅和隔王板把蜂巢分成产卵区A、哺育区C和生产区B三部分，依次排列（图6-64），然后加入蜂粮生产脾，约1周，视贮粉多少，及时提到继箱，等待成熟，当有部分蜂粮巢房封盖，即取出等待后继工序，原位置再放蜂粮生产脾1张，并把3区巢脾调整如初。

（2）双王群生产：用框式隔王板把巢箱隔成三部分，若三部分相等，中间区的中央放无空巢房的虫脾或卵脾，其两侧放蜂粮生产脾；若中间区有两个脾

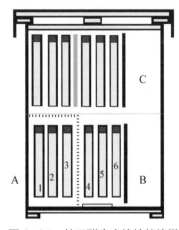

图6-64　单王群生产蜂粮的蜂巢
A. 产卵区　B. 生产区　C. 哺育区
1. 封盖子脾　2. 大幼虫脾　3. 正出房子脾或空脾
4. 蜂粮脾　5. 大幼虫脾　6. 装满蜂蜜脾

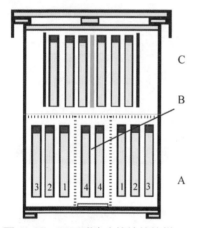

图 6-65　双王群生产蜂粮的蜂巢
A. 产卵区　B. 生产区　C. 哺育区
1. 新封盖子脾　2. 大幼虫脾
3. 空脾或正出房子脾　4. 蜂粮脾

图 6-66　蜂粮巢脾
（张少斌　摄）

图 6-67　蜂粮
（张少斌　摄）

的空间，则放两张蜂粮脾（图 6-65）。

继箱与巢箱之间加平面隔王板，继箱中放子脾、蜜脾和浆框。当巢房存满蜂粮后及时提到继箱使之成熟，有部分蜂粮封盖后取出。

（3）蜂粮的消毒灭虫：抽出的蜂粮脾（图 6-66）用 75% 的食用酒精喷雾消毒，无毒塑料袋密封，放在 −18℃的温度下冷冻 48 小时，或用磷化铝熏蒸杀死寄生其上的害虫。

（4）蜂粮的切割拆卸：经消毒和灭虫的蜂粮，在塑料巢脾内，应拆开收集，用无毒塑料袋包装后待售（图 6-67）。在蜡质巢脾内的蜂粮，可用模具刀切割成所需形状，用无毒玻璃纸密封后，再用透明塑料盒包装，标明品名、种类、重量、生产日期、食用方法等信息，即可出售或保存。

3. **蜂群管理**　生产蜂粮的蜂群，其管理措施与生产花粉的蜂群相似，其特殊要求如下。

（1）蜂种：新王、健康和无分蜂热的王浆高产蜂群适合生产蜂粮。

（2）调脾：及时把装满花粉的蜂粮脾调到边脾或继箱的位置，让蜜蜂继续酿造，当有一部分巢房封盖即表示成熟，要及时抽出。在原位置再放置蜂粮生产脾，以供贮粉，继续生产。

（3）提供产卵用巢脾：在产卵区，适时将产满卵的子脾调到蜂粮脾外侧，傍晚供给正出房的封盖子脾。

4. **注意事项**

（1）粉源植物优良。

（2）蜂群健康，新王、蜂脾相称或蜂多于脾，蜜糖充足。

三、包装贮存

花粉干燥后，用双层无毒塑料袋密封后外套编织袋包装，每袋40千克，在交售前不得反复晾晒和翻转。莲花粉须在塑料桶、箱中保存，内衬塑料袋。此外，工厂或公司可用铝箔复合袋抽气充氮包装。

蜂粮消毒后，用无毒塑料袋或盒包装。

花粉和蜂粮，都可以在通风、干燥和阴凉的地方暂时贮存，在 −5℃以下的库房中可长期保存。保存期间要防鼠害，防害虫的再次寄生，防污染和受潮。

第四节　蜂胶的采收

蜂胶是蜜蜂采集树芽分泌物与其唾液混合后的胶状物质（图 6-68）。蜜蜂在气温较高的夏秋季节采胶，西方蜜蜂采胶，东方蜜蜂不采，高加索蜂采胶力强。

一、生产前准备

放蜂场地　在杨树林或其他树木多的地方放蜂。远离公路、工厂。

蜂群健康无病、饲料充足。

蜂胶生产集中在夏、秋两季，外界气温15℃以上。

二、生产过程

1.**生产原理**　蜜蜂采集植物芽液（图6-69），涂抹于巢穴上方以及缝隙处（图 6-70），用于抑制微生物的生长与繁殖、清洁巢房等。在蜜蜂采胶季节，将有缝竹丝栅片或尼龙纱网置于蜂巢上方，待蜂胶积累到一定量时，通过冷冻、抠刮或搓揉，将蜂胶取下。

图 6-68　蜂胶的来源——
杨树芽分泌的胶液

图 6-69　蜜蜂采集杨树芽液
（房柱　提供）

图 6-70　蜜蜂堆积在框耳、框槽、箱沿和纱盖上的蜂胶

2. 操作规程

（1）放置器械：用尼龙纱网取胶时，在框梁上放 3 毫米厚的竹木条，把 40 目左右的尼龙纱网折叠双层或三层放在上面，再盖上覆布。检查蜂群时，打开箱盖，揭下覆布，然后盖上，再连同尼龙纱网一起揭掉，蜂群检查完毕再盖上（图 6-71）。

图 6-71　尼龙纱网上的蜂胶

用竹丝副盖或塑料副盖取胶时，将其代替副盖使用即可，上盖覆布（图 6-72）。在炎热天气，把覆布两头折叠 5~10 厘米，以利通风和积累蜂胶，转地时取下覆布，落场时盖上。

（2）采收蜂胶：一般历时 30 天，待蜂胶积累到一定数量时采收（图 6-73）。

取盖式集胶器上的蜂胶，使用不锈

图 6-72　竹丝副盖上的蜂胶

图6-73 收集蜂胶

钢或竹质取胶叉顺竹丝剔刮（图6-74，图6-75）。从蜂箱中取出尼龙纱网或副盖式集胶器，放冰箱冷冻后，用木棒敲击或折叠揉搓，使蜂胶与器物脱离（图6-76，图6-77）。

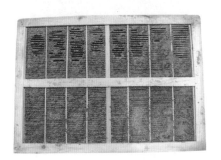

图 6-74 采收竹丝副盖上的蜂胶

图 6-75 用胶叉剔刮竹丝副盖上的蜂胶

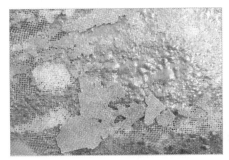

图 6-76 用尼龙纱网聚积蜂胶

图 6-77 从尼龙纱网上取的蜂胶

3.**蜂群管理** 蜂群8脾以上足蜂，健康无病，食物充足。在河南省，7~9月为蜂胶主要生产期。

在胶源植物优质丰富或蜜、胶源都丰富的地方放蜂，利用取胶器连续积累。

4.**注意事项** 生产前要对工具清洗消毒，刮除箱内的蜂胶（图6-78）；生产中，不得用水剂、粉剂和升华硫等药物对蜂群进

图 6-78 平时从箱沿等处用起刮刀刮下的蜂胶

行杀虫灭菌。

缩短生产周期。

蜂胶取出后及时清除蜡瘤、木屑、棉纱纤维、死蜂肢体等杂质，不与金属接触（图6-79，图6-80）。

图6-79　铁纱副盖上积累的蜂胶　　　　图6-80　从铁纱副盖上取下的蜂胶

三、包装贮藏

不同时间、不同方法生产的蜂胶分别包装存放（图6-81），1千克为一个包装，包装袋要无毒并扎紧密封，标明生产起始日期、地点、胶源植物、蜂种、重量和生产方法等，严禁对蜂胶加热过滤和掺杂使假。

于阴凉、干燥、避光和通风处保存，并及早交售。一个蜜源花期的蜂胶存放在一起，勿混杂。

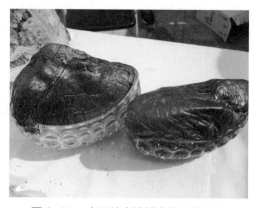

图6-81　产于待定地域中的红蜂胶块

第五节 蜂毒的采集

蜂毒是工蜂毒腺及其副腺分泌出的具有芳香气味的一种透明毒液，平时贮存在毒囊中，在工蜂受到刺激时由螫针排出（图6-82）。

图6-82 工蜂受到刺激排出的毒液

一、生产前准备

安排生产时间，准备蜂群、器械，以及干燥、包装容器等。

二、生产过程

1. **生产原理** 将具有电栅的采毒器置于副盖位置，或通过巢门插入箱底，接通电源，蜜蜂受到电流刺激，向采毒板攻击，并招引其他伙伴向采毒板聚集。通电10分钟，断开电源，待蜜蜂安静，取回采毒器，刮下蜂毒。

2. **操作规程**

（1）安装取毒器：取下巢门板，将取毒器从巢门口插入箱内30毫米；或掀开箱盖，揭去覆布和副盖，将取毒器安放在副盖的位置上（图6-83，图6-84）。

（2）刺激蜜蜂排毒：按下遥控器开关，接通电源对电网供电，调节电流大小，给蜜蜂适当的电击强度，并稍震动蜂箱。当蜜蜂停留在电网上受到刺激后，其螫

图6-83 巢门取毒
（缪晓青 摄）

图6-84 副盖式取毒方法
（周传鹏 摄）

刺便刺穿塑料布或尼龙纱布排毒于玻璃上，随着蜜蜂的叫声和刺蜇散发的气味，蜜蜂向电网聚集排毒。

（3）连采10群：每群蜂取毒10分钟，然后停止供电，待电网上的蜜蜂离散后，把取毒器移至其他蜂群继续取毒，按下取毒复位开关，即可向电网重新供电，如此采集10群蜜蜂，关闭电源，抽出集毒板（图6-85）。

图6-85　集毒板上的蜂毒晶体
（周传鹏　摄）

（4）刮毒：将抽出的集毒板置阴凉的地方风干，用牛角片或不锈钢刀片刮下玻璃板或薄膜上的蜂毒晶体，即得粗蜂毒（图6-86）。

（5）干燥：取下的蜂毒使用硅胶将其干燥至恒重。

图6-86　刮取蜂毒
（周传鹏　摄）

3.**蜂群管理**　生产蜂毒，要求有较强的蜂群，青壮年蜂多，蜂巢内食物充足。

傍晚或晚上取毒，不用喷烟的方法以防蜂蜇和蜜水污染。

电取蜂毒一般在蜜源大流蜜结束时进行，选择温度15℃以上的无风或微风的晴天，傍晚或晚上取毒，每群蜜蜂取毒间隔15天左右。专门生产蜂毒的蜂场，可3~5天取毒1次。

定期连续取毒，可提高产量。

在春季，每隔3天取毒1次，连续取毒10次，对蜂蜜和蜂王浆的生产影响都比较大。蜜蜂排毒后，抗逆力下降，寿命缩短。因此，对取毒蜂群应加强繁殖。

4.**注意事项**

（1）预防蜂蜇：选择人、畜来往少的蜂场取毒，操作人员应戴好蜂帽、穿好防蜇衣服（图6-87），不抽烟，不使用喷烟器开箱；隔群分批取毒，一群蜂取完毒，让其安静10分钟再取走取毒器。

图6-87　穿戴防护衣帽

（2）预防中毒：蜂毒的气味，对人体呼吸道有强烈刺激性，蜂毒还能作用于皮肤，因此，刮毒人员应戴上口罩和乳胶手套，防止意外。

（3）严防污染：取毒前，工具清洗干净，消毒彻底。工作人员注意个人卫生和劳动防护，生产场地洁净，空气清新；蜂群健康无病。选用不锈钢丝做电极的取毒器生产蜂毒，防止金属污染。

三、包装贮存

蜂毒干燥后放入棕色玻璃瓶中密封保存，或置于无毒塑料袋中密封，外套牛皮纸袋，置于阴凉干燥处贮藏（图6-88）。

图6-88　蜂毒包装
（周传鹏　摄）

第六节　蜂蜡的榨取

蜂蜡是养蜂生产的副产品，由8~18日龄工蜂以蜂蜜为原料，经过腹部的4对蜡腺转化而来，蜜蜂用它筑造蜂巢。每2万只蜜蜂一生中能分泌1千克蜂蜡，一个强群在夏秋两季可分泌蜂蜡5~7.5千克（图6-89）。

图6-89　蜜盖蜡、王台蜡

图6-90　旧脾

一、生产前准备

1.原料　淘汰的旧脾（图6-90），平时搜集蜂巢中的赘脾（图6-91）和加高的王台房壁等。

2.工具　蜂场榨蜡，需要加热燃气、铝锅、榨蜡装置、容器和麻袋等工具。

图6-91　人工饲养的蜜蜂所造的赘脾

3.分类 对所获原料进行分级，去除机械杂质。赘脾、野生蜂巢、蜜盖和产浆王台蜡壁为一类原料，旧脾为二类原料，其他诸如蜡瘤和病脾等为三类原料。分类后，先提取一类蜡，按序提取，不得混杂。

二、生产过程

1.生产原理 把蜜蜂分泌蜡液筑造的巢脾，利用加热的方法使之熔化，再通过压榨、上浮或离心等程序，使蜡液和杂质分离，蜡液冷却凝固后，再重新熔化浇模成型，即成固体蜂蜡。

2.操作规程

（1）清水浸泡：熔化前将蜂蜡原料用清水浸泡2天，提取时可除掉部分杂质，并使蜂蜡色泽鲜艳。

（2）加热熔化：将蜂蜡原料置于熔蜡锅中（事前向锅中加适量的水），然后供热，使蜡熔化，保温10分钟左右（图6-92）。

图6-92　煮脾

（3）榨蜡：将已熔化的原料蜡连同水一齐倒入麻袋或尼龙纱袋中，扎紧袋口，放进榨蜡器中，以杠杆的作用加压，使蜡液从袋中通过缝隙流入盛蜡容器（图6-93），稍凉，撇去浮沫。

（4）降温凝固：待蜡液凝固后即成毛蜡（图6-94），用刀切削，将上部色浅的蜂蜡和下面色暗的物质分开。

图6-93　榨蜡

（5）浇模成型：将已分离出的蜂蜡重新加水熔化，再次过滤和撇开气泡，然后注入光滑而有倾斜度的模具，待蜡块完全凝固后反扣，卸下蜡板（图6-95）。

工厂对毛蜡再行加热、过滤、成型，即成商品蜡板或子蜡（图6-96～图6-98）。

图6-94　初提纯的蜂蜡——毛蜡

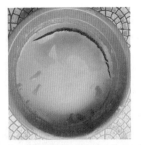

图6-95 蜂场榨蜡浇模成型

图6-96 商品蜡板——再熔化、过滤、成型

图6-97 流水线生产子蜡

3. 蜂群管理

饲养强群，多造新脾，淘汰旧脾；大流蜜期，加宽蜂路，让蜜蜂加高巢房，做到蜜、蜡兼收。

4. 注意事项 严禁在榨蜡过程中添加硫酸等异物。

图6-98 流水线生产蜡板

三、包装贮藏

蜂场生产的蜂蜡为毛蜡，用编织袋包装，及早出售。

工厂生产的板蜡或子蜡，把蜂蜡进行分等分级，以50千克或按合同规定的重量为1个包装单位，先用塑料包裹，再用麻袋（或编织袋）包装（图6-99，图6-100）。麻袋上应标明时间、等级、净重、产地等信息，贮存在干燥、卫生、通风好，无农药、化肥、鼠的仓库（室内）。

图 6-99 黄色子蜡包装与贮藏

图 6-100 蜡板包装与贮藏

第七节 蜂子的获得

一、生产前准备

1. 蜂群准备 通过繁殖，使生产群达到 12 框足蜂以上；组织双王群作供卵群。

2. 工具与设备准备 生产雄蜂蛹、虫的巢脾，冰柜，铁纱接蛹垫，敲击巢框的木棒等必要的工具与设备。

二、生产过程

（一）蜂王幼虫的获得

蜂王幼虫是生产蜂王浆的副产品，其采收过程即是取浆工序中的捡虫环节，每生产 1 千克蜂王浆，可收获 0.2~0.3 千克蜂王幼虫（图 6-101），每群意蜂每年生产蜂王幼虫可达到 2 千克。

（二）生产雄蜂蛹和虫

1. 生产原理 雄蜂幼虫是从蜂王产

图 6-101 生产蜂王浆的副产品——蜂王幼虫

下无受精卵算起，生长发育到第 10 天前后的虫体（图 6-102）；雄蜂蛹是从蜂王产下无受精卵算起，生长发育在第 20~22 天的虫体（图 6-103）。生产雄蜂蛹、虫的两个重要环节，一是取得日龄一致的雄蜂卵脾，二是把雄蜂卵培育成雄蜂蛹、虫。

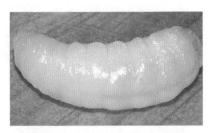

图 6-102　第 10 日龄的雄蜂幼虫

图 6-103　第 19 天前后的雄蜂蛹

2. 操作规程

（1）筑造雄蜂脾：用标准巢框横向拉线，再在上梁和下梁之间拉两道竖线，然后，将雄蜂巢础镶嵌进去；或用 3 个小巢框镶装好巢础，组合在标准巢框内，然后将其放入强群中修造，适当奖励饲喂，每个生产群配备 3 张雄蜂巢脾。

雄蜂脾要求整齐、牢固，在非生产季节，取出雄蜂巢脾，用磷化铝熏蒸后妥善保存。

（2）获得雄蜂卵：在双王群中，将雄蜂脾安放在巢箱内一侧的幼虫和封盖子脾之间，或与蜂王共同置于产卵控制器内，36 小时左右抽出雄蜂脾，调到继箱或哺育群中孵化、哺育。两王轮换产雄蜂卵。也可将雄蜂脾放置在老蜂王群中，供蜂王产卵。

以雄蜂幼虫取食 7 天为一个生产周期，1 个供卵群，可为 2~3 个哺养群提供雄蜂虫脾。

（3）培养：在蜂王产卵 36 小时后，将雄蜂脾抽出（若为雄蜂小脾，3 张组拼后镶装在标准巢框内），置于强群继箱中哺育，也可在雄蜂脾两侧分别放工蜂幼虫脾和蜜粉脾（图 6-104）。

抽出雄蜂卵脾后，在原位置再加 1 张空雄蜂脾，让蜂王继续产卵。以雄蜂幼虫取食 7 天为一个生产周期，1 个供卵群，可为 2~3 个生产群提供雄蜂虫脾。

（4）采收：从蜂王产卵算起，在第 10 天和第 20~22 天采收雄蜂虫、蛹为适宜时间。

图 6-104　检查雄蜂蛹生长状况

1）雄蜂蛹的采收。将雄蜂蛹脾从哺育群内提出，脱去蜜蜂（图6-105，图6-106），或从恒温恒湿箱中取出（雄蜂子脾全部封盖后放在恒温恒湿箱中化蛹的），把巢脾平放在"井"形架子上（有条件的可先把雄蜂脾放在冰箱中冷冻几分钟），用木棒敲击巢脾上梁和边条（或使巢框木条磕碰承接容器的上沿），使巢房内的蛹下沉（图6-107），然后用平整锋利的长刀把巢房盖削去（图6-108），再把巢脾翻转，使削去房盖的一面朝下（用铁纱网副盖或竹筛承接），再用木棒或刀把敲击巢脾四周，使巢脾下面的雄蜂蛹震落到垫上（或竹筛中）（图6-109，图6-110），同时上面巢房内的蛹下沉离开房盖，按上法把剩下的一面房盖削去，翻转、敲击，震落蜂蛹（图6-111）。

2）雄蜂幼虫的采收。将雄蜂虫脾从哺育群中抽出，抖落或摇出蜂蜜，削去1/3巢房壁后，放进室内，让雄蜂幼虫向外爬出，落在设置的托盘中（图6-112）。

3. 蜂群管理

（1）饲料充足：在非流蜜期，对哺育群和供卵群均须进行奖励饲喂。

（2）强群生产：群势在12框蜂以上，蜜蜂健康无病，蜂螨寄生率低。

（3）温度稳定：低温季节，加强保温，高温时期做好遮阳、通风和喂水工作。

（4）连续生产：生产雄蜂蛹，从卵算起，20~22天为一个生产周期，强群7~8天可哺养1脾，雄蜂房封盖后调到副群化蛹（图6-113）。

图6-105　抽出成熟雄蜂蛹脾

图6-106　雄蜂蛹脾

图6-107　敲击巢框上梁 使蛹下沉

图6-108　割雄蜂蛹房封盖

图6-109　暴露出雄蜂蛹头

图6-110　清扫蜡渣

图6-111　反转巢脾磕下蜂蛹

图6-112　割除另一面雄蜂房封盖

图6-113　双王群生产雄蜂蛹

（5）辅助化蛹：雄蜂房封盖后集中到恒温恒湿箱中，控制温度在34~35℃、相对湿度在75%~90%。

4. **注意事项**　敲不出的蛹或幼虫用镊子取出，割破的蛹弃掉（图6-114）。取蛹后的巢脾用磷化铝熏蒸后重新插入供卵群，让蜂王产卵，继续生产。生产期结束后，对雄蜂巢脾进行消毒和杀虫，并妥善保存（图6-115，图6-116）。

所有生产虫、蛹的工具和容器要清洗消毒，防止污染；保证虫、蛹日龄基本一致；生产场所整洁、干净，工作人员要保持卫生，着工作服、戴帽和口罩；不用有病群生产；生产的虫、蛹要及时进行保鲜处理和冷冻保存。

图 6-114　磕不下的雄蜂蛹用镊子夹出

图 6-115　取蛹后的巢脾

图 6-116　削平蛹脾

图 6-117　剔除割破的或受损的雄蜂蛹

三、包装贮藏

雄蜂蛹、幼虫易受内、外环境的影响而变质。新鲜雄蜂蛹中的酪氨酸酶易被氧化，在短时间内可使蛹体变黑，新鲜雄蜂幼虫和蜂王幼虫胴体逐渐变红至暗，失去商品价值。因此，蜜蜂虫、蛹生产出来后，应立即捡去割坏或不合要求的虫体（图 6-117），并用清水漂洗干净后妥善贮存（蜂王幼虫不得冲洗）。

1. 雄蜂蛹的贮藏　用木棒敲击盛蛹的副盖下方，使蛹分摊均匀，然后放入冰柜中速冻，待蛹体硬实，再用不透气的聚乙烯透明塑料袋分装，每袋 0.5 千克或 1 千克，排除袋内空气，密封，并立即放入 -18℃ 的冷柜中冷冻保存（图 6-118 ~ 图 6-121）。

2. 蜜蜂虫的贮藏　蜂王和雄蜂幼虫用透明聚乙烯袋或使用塑料盒包装后，及时存放在 -15℃ 的冷库或冰柜中保存。

图6-118　从下向上轻击纱网，使分摊均匀

图6-119　上置木条方便叠放速冻

图6-120　冷冻保存雄蜂蛹

图6-121　雄蜂蛹的定量包装和保存
（王磊　摄）

第七章
蜜蜂良种繁育

第一节　蜜蜂种类与利用

一、蜜蜂特点和种类

蜜蜂在分类学上属于节肢动物门（Arthropoda）、昆虫纲（Insecta）、膜翅目（Hymenoptera）、蜜蜂科（Apidae）、蜜蜂属（*Apis*）。属下有 9 个种（表 7-1），

蜜蜂属的特点是：由蜂王、雄蜂和工蜂组成蜂群，社会分工明确，蜂王专司产卵，雄蜂专司交配，工蜂专司劳动；工蜂泌蜡建造六棱柱体巢房构成巢脾，由巢脾组成蜂巢；通过信息物质和舞蹈进行交流；以花蜜和花粉为食。

表 7-1　蜜蜂属下的 9 个种

种名	拉丁学名	命名人	命名时间
西方蜜蜂	*Apis mellifera*	Linnaeus	1758
小蜜蜂	*A. florea*	Fabricius	1787
大蜜蜂	*A. dorsata*	Fabricius	1793
东方蜜蜂	*A. cerana*	Fabricius	1793
黑小蜜蜂	*A. andreniformis*	Smith	1858
黑大蜜蜂	*A. laboriosa*	Smith	1871
沙巴蜂	*A. koschevnikovi*	Buttel-Reepeen	1906
绿努蜂	*A. nulunsis*	Tingek，Koeniger，Koeniger	1998
苏拉威西蜂	*A. nigrocincta*	Smith	1871

二、中国的野生蜜蜂

除东方蜜蜂和西方蜜蜂之外，小蜜蜂、黑小蜜蜂、大蜜蜂和黑大蜜蜂都处于野生状态，是宝贵的蜂种资源，除被人类猎取一定数量的蜂蜜和蜂蜡外，对植物授粉、维持生态平衡具有重要贡献。野生蜜蜂的护脾能力强，在蜜源丰富的季节，性情温顺，蜜源缺少季节，性情凶暴。为适应环境和生存需要有来回迁移习性，其生存概况见表7–2。

表7–2　主要野生蜜蜂种群概况

	小蜜蜂	黑小蜜蜂	大蜜蜂	黑大蜜蜂
俗名		小草蜂	排蜂	雪山蜜蜂及岩蜂
分布	云南境内北纬26°40′以南，广西南部的龙州、上思	云南西南部	云南南部、金沙江河谷和海南、广西南部	喜马拉雅山脉、横断山脉地区和怒江、澜沧江流域，包括我国云南西南部和东南部、西藏南部
习性	栖息在海拔1 900米以下的草丛或灌木丛中，露天营单一巢脾的蜂巢，总面积225~900厘米²，群势可达万只蜜蜂	生活在海拔1 000米以下的小乔木上，露天营单一巢脾的蜂巢，总面积177~334厘米²	露天筑造单一巢脾的蜂巢，常在树上或悬崖下常数群或数十群相邻筑巢，形成群落聚居。巢脾长0.5~1.0米，宽0.3~0.7米	在海拔1 000~3 500米地方活动，露天筑造单一巢脾的蜂巢，附于悬岩。巢脾长0.8~1.5米、宽0.5~0.95米。常多群在一处筑巢，形成群落。攻击性强
价值	猎取蜂蜜1千克，可用于授粉	割脾取蜜，每群每次获蜜0.5千克，每年采收2~3次。是热带经济作物的重要传粉昆虫	是砂仁、向日葵、油菜等作物和药材的重要授粉者。每年每群可获取蜂蜜25~40千克和一批蜂蜡	每年秋末冬初，每群黑大蜜蜂可猎取蜂蜜20~40千克和大量蜂蜡；同时，黑大蜜蜂是多种植物的授粉者

三、中国饲养的蜂种

我国主要饲养中华蜜蜂和意大利蜂，其次是卡尼鄂拉蜂和高加索蜂。另外，经过人工选育，还形成了东北黑蜂、新疆黑蜂和浙江浆蜂等地方品种。

1. **中华蜜蜂**　中华蜜蜂原产地中国，简称中蜂，以定地饲养为主，有活框饲养的，也有无框养的（图7–1）。

（1）形态特征：体型中等，工蜂体

图7–1　一个活框兼无框养殖的中蜂场
（薛文卿　摄）

长 9.5~13 毫米，在热带、亚热带其腹部以黄色为主，温带或高寒山区的品种多为黑色。蜂王体色有黑色和棕色两种；雄蜂体黑色（图 7-2）。

图 7-2　中蜂蜂王和工蜂

（2）生活习性：野生状态下，蜂群栖息在岩洞、树洞等隐蔽场所，复脾穴居。雄蜂巢房封盖像斗笠，中央有 1 个小孔，暴露出茧衣。蜂王每昼夜产卵 900 粒左右，群势一般在 1.5 万~3.5 万只，产卵有规律，饲料消耗少。工蜂采集半径 1~2 千米，飞行敏捷。工蜂在巢穴口扇风头向外，把风鼓进蜂巢。嗅觉灵敏，早出晚归，每天采集时间比意蜂多 1~3 小时，比较稳产。个体耐寒力强，能采集冬季蜜源，如南方冬季的野桂花、枇杷等。蜜房封盖为干性。

中蜂分蜂性强，多数不易维持大群，常因环境差、缺饲料和被病敌为害而举群迁徙。抗大蜂螨、小蜂螨、白垩病和美洲幼虫病，易被蜡螟为害，在春秋易感染囊状幼虫病。不采胶。

（3）分布：主要生活在山区和中国南方。到 2015 年，《全国养蜂业"十二五"发展规划》要求饲养中蜂数量达到 350 万群，"十四五"普查，全国中蜂达到 600 万群。

（4）经济价值：每群每年可采蜜 10~50 千克，蜂蜡 350 克，授粉效果显著。

图 7-3　一个意蜂转地蜂场

2. 意大利蜂　意大利蜂原产地中海中部意大利的亚平宁半岛，属黄色蜂种，简称意蜂。意蜂适宜生活在冬季短暂、温和、潮湿而夏季炎热、蜜粉源植物丰富且流蜜长的地区。活框饲养，适于追花夺蜜，突击利用南北四季蜜源（图 7-3）。

（1）形态特征：工蜂体长 12~13 毫米，毛色淡黄。蜂王颜色为橘黄色至淡棕色（图 7-4）。雄蜂腹部背板颜色为金黄色，有黑斑，其毛色淡黄色。

图 7-4　意蜂王和工蜂

（2）生活习性：意蜂性情温和，不怕光。蜂王每昼夜产卵1 800粒左右，子脾面积大，雄蜂封盖似馒头状；春季育虫早，夏季群势强。善于采集持续时间长的大蜜源，在蜜源条件差时，易出现食物短缺现象。泌蜡力强，造脾快。泌浆能力强，善采集、贮存大量花粉。蜜房封盖为中间型，蜜盖洁白。分蜂性弱，易维持大群。盗力强，卫巢力也强。耐寒性一般，以强群的形式越冬，越冬饲料消耗大。工蜂采集半径2.5千米左右，在巢穴口扇风头朝内，把蜂巢内的空气抽出来。具采胶性能。在我国意蜂常见的疾病有美洲幼虫腐臭病、欧洲幼虫腐臭病、白垩病、孢子虫病、麻痹病等，抗螨力差。

（3）分布：我国广泛饲养，约占西方蜜蜂饲养量的80%。到2015年，《全国养蜂业"十二五"发展规划》要求饲养西（意）蜂数量达到650万群，2024年，全国有意蜂约800万群。

（4）经济价值：在刺槐、椴树、荆条、油菜、荔枝、枣树、紫云英等主要蜜粉源花期中，1个生产群日采蜜5千克左右，1个花期采蜜超过50千克，全年生产蜂蜜可达150千克。经过选育的优良品系，一个强群3天（1个产浆周期）生产蜂王浆超过300克，年群产浆量10千克左右；在优良的粉源场地，一个管理得法的蜂场，群日收集花粉高达2 300克。另外，意蜂还适合生产蜂胶、蜂蛹以及蜂毒等。

意蜂是主要农作物区主要的授粉昆虫。

3. 卡尼鄂拉蜂　简称卡蜂，原产于阿尔卑斯山南部和巴尔干半岛北部的多瑙河流域，适宜生活在冬季严寒而漫长、春季短而花期早、夏季不太热的自然环境中。

（1）形态：卡蜂腹部细长，几丁质外壳为黑色。工蜂绒毛灰色至棕灰色。蜂王腹部背板为棕色，背板后缘有黄色带（图7-5）。雄蜂为黑色或灰褐色。

图7-5　卡蜂蜂王和工蜂
（牛庆生　摄）

（2）生活习性：卡蜂性情温和，不怕光，提出巢脾时较安静。春季群势发展快，夏季高温繁殖差，秋季繁殖下降快，冬季群势小。善于采集春季和初夏的早期蜜源，能利用零星蜜源，节省饲料。泌蜡能力一般，蜜房封盖为干型，蜜盖白色。分蜂性强，不易维持大群。抗螨力弱，抗病力与意蜂相似。

（3）分布：我国约有10%的蜂群为卡蜂，转地饲养。

（4）经济价值：卡蜂蜂蜜产量高，但泌浆能力差。

第二节　蜜蜂的常规育种

一个蜂场，蜜蜂经过长期的定向选择，或经过引进优良种蜂进行杂交，可增强蜂群的生产和抗病能力，提高产品质量。

一、引种与选种

将国内外的优良蜜蜂品种、品系或类型引入本地，经严格考察后，对适应当地的良种进行推广。如意蜂和卡蜂引入我国后，在很多地区直接用于养蜂生产或作为育种亲本，提高了产量。

1. 引种　可采用引（买）进蜂群、蜂王、卵、虫等方式。蜜蜂引种多以引进蜂王为主，诱入蜂群50天后，其子代工蜂基本取代了原群工蜂，就可以对该蜂种进行考察、鉴定，同时对引进的蜂种隔离，预防蜂病的传播和不良基因的扩散。

2. 选种　在我国养蜂生产中，多采取个体选择和家系内选择的方式，在蜂场中选出种用群生产蜂王。例如，在图7-6所示的5个家系的a、b、c、…、x、

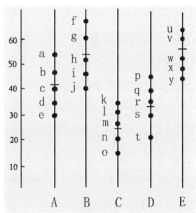

图7-6　5个家系蜂群的性状分布
●：个体性状值；　—：家系性状平均值
（引自邵瑞宜，1995）

y 25群蜂中，选出10群作为种用群，用家系内选择是a、b、f、g、k、l、p、q、u、v，用个体选择是f、u、v、g、a、h、w、x、b、i，用家系选择是f、g、h、i、j、u、v、w、x、y。

（1）个体间选择：在一定数量的蜂群中，将某一性状表现最好的蜂群保留下来，作为种群培育处女蜂王和种用雄蜂。在子代蜂群中继续选择，使这一性状不断加强，就可能选育出该性状突出的良种。适用于遗传力高的性状选择。将具有某些优良性状的蜂群作为种群，通过人工育王的方法保留和强化这些性状。采用这种技术，浙江省选育了目前生产上使用的蜂王浆高产蜂种。

（2）家系内选择：从每个家系中选出超过该家系性状表型平均值的蜂群作为种用群，适用于家系间表型相关较大而性状遗传力较低的情况。这种选择方法可以减少近交的机会。

自行选种育王的蜂场应有 60 群以上的规模，防止过分近亲交配。

二、蜂种的杂交

蜜蜂杂交后子代的生活力、生产性能等方面往往超过双亲，是迅速提高产量和改良种性的捷径。获得蜜蜂杂交优势，首先要对杂交亲本进行选优纯和选择合适的杂交组合，以及遴选杂交优势表现的环境。蜜蜂杂交组合通常有单交、双交、三交、回交和混交等几种形式。以 E 表示意蜂，K 表示卡蜂，G 表示高加索蜂，O 表示欧洲黑蜂，♀表示蜂王，♂表示雄蜂，× 表示杂交，♀表示工蜂。组织 2 个或 2 个以上的蜜蜂品种（或品系、亚种）进行交配，扩大蜜蜂的遗传变异，并对具有优良性状的杂种进行选择和繁殖，使后代有益的杂种基因得到纯合和遗传。

1. 蜜蜂杂交组合

（1）单交：用一个品种的纯种处女蜂王与另一个品种的纯种雄蜂交配，产生单交王。由单交王产生的雄蜂，是与蜂王具有同一个品种的纯种，产生的工蜂或子代蜂王是具有双亲基因的第一代杂种（图 7-7）。由第一代杂种工蜂和单交王组成单交种蜂群，因蜂王和雄蜂均为纯种，它们不具备杂种优势，但工蜂是杂种一代，具有杂种优势。

$$KK(♀) \times E(♂)$$
$$\swarrow \downarrow$$
$$K(♂) \quad K \cdot E(♀)$$

图 7-7　工蜂含卡蜂和意蜂基因各 50% 的单交种群

（2）三交：用一个单交种蜂群培育的处女蜂王与一个不含单交种血缘的纯种雄蜂交配，产生三交王，但其蜂王

$$KK(♀) \times E(♂)$$
$$\downarrow$$
$$KE(♀) \times G(♂)$$
$$\swarrow \downarrow$$
$$KE \quad KE \cdot G$$
$$(♂) \quad (♀)$$

图 7-8　卡蜂、意蜂杂种蜂王与高加索蜂雄蜂交配形成三交种群

本身仍是单交种，后代雄蜂与母亲蜂王一样，也为单交种，而工蜂和子代蜂王为含有三个蜂种血统的三交种（图 7-8）。三交种蜂群中的蜂王和工蜂均为杂种，均能表现杂种优势，所以三交后代所表现的总体优势比单交种好。

（3）双交：一个单交种培育的处女蜂王与另一个单交种培育的雄蜂交配称为双交。双交后的蜂王所组成的蜂群，蜂王仍为单交种，含有两个种的基因，产生的

雄蜂与蜂王一样也是单交种；工蜂和子代蜂王含有 4 个蜂种的基因（图 7-9），为双交种。由双交种工蜂组成的蜂群为双交群，能产生较大的杂种优势。

（4）回交：采用单交种的处女蜂王与父代雄蜂杂交，或单交种雄蜂与母代处女蜂王杂交称回交，其子代称回交种。回交育种的目的是增加杂种中某一亲本的遗传成分，改善后代蜂群性状（图 7-10）。

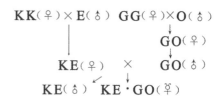

图 7-9　含有 4 个蜂种基因的双交种群

图 7-10　具有 2/3 父系基因的回交种群

2. 蜜蜂杂种利用　杂交种群的经济性状主要通过蜂王和工蜂共同表现。在单交种群中，仅工蜂体现出杂种优势；三交和双交种群，其亲本蜂王和子代工蜂均能表现杂种优势。而种性过于混杂会产生杂种性状的分离和退化，多从第二代开始。

选择保留杂种后代，须建立在对杂种蜂群的经济性能考察、鉴定和评价的基础上，包括亲本、组合、形态学指标、生物学指标和生产性能指标。在杂种的性状基本稳定后，再增加其种群数量，通过良种推广，扩大饲养范围。

三、选育抗螨蜂

1. 抗螨育王基础　蜜蜂对蜂螨具有抗性，不同种群或同一种群不同蜂群间对蜂螨的抗性不同。实践证明，抗螨蜜蜂都有较强的卫生行为。因此，选择抗病（如美洲幼虫腐臭病和白垩病）、强群、高产蜂群进行卫生能力测定，利用卫生行为好的蜂群育王，经过不断选育，即可培育出抗病、抗螨蜂王。亦可在长期观察基础上，选择抗病抗螨蜂群培育蜂王。

2. 蜜蜂卫生能力测定　从蜂群中挑选封盖子脾，子脾连片整齐，蜂子日龄以复眼白色或粉红色为准。将所选子脾部分取出（5 厘米 × 5 厘米大小），然后置于冰箱中 24 小时。再将冻死的小块子脾镶嵌在相同日龄的子脾中间，返还蜂群。注意，蜂子上下顺序不得颠倒（图 7-11，图 7-12）。24 小时、48 小时观

图 7-11　蜜蜂卫生行为测定（1）

切割子脾

图 7-12　蜜蜂卫生行为测定（2）
将冻死蜂蛹返还蜂群

测死蛹清除率，以清除率高者定为卫生行为好。

3. 选育抗螨蜂王　选取全场 1/3 卫生行为好的蜂群，培育雄蜂和处女蜂王，更换所有蜂王。每年进行一次。当蜂螨寄生率在 5% 以下时停止治螨。在一个区域，抗螨育王须全面进行，或者利用早春养王，避开其他蜂场无抗螨性能的雄蜂干扰。

第三节　蜂种改良与育王

一、种群选择与培育

（一）遴选种群

1. 父群的选择　将繁殖快、分蜂性弱、抗逆力强、温驯、采集力强和其他生产性能突出的蜂群，挑选出来培育种用雄蜂，一般需要考察 1 年以上。父群数量一般以购进的种王群或蜂场蜂群数量的 10% 为宜，培养出 5~200 倍于处女蜂王数量的健康适龄雄蜂。选择方法见上述"选种"。

种用父群的群势，意蜂不低于 13 框足蜂。

另外，父群的选择还要考虑卫生行为好、抗螨能力强的蜂群作种群。

2. 母群的选择　通过全年的生产实践，将繁殖力强、分蜂性弱、能维持强群以及具有稳定特征和突出生产性能的蜂群挑选出来，作为处女蜂王的种群。

（二）种群管理

1. 雄蜂的培育　首先采用工蜂和雄蜂组合巢础（图 7-13）并将其镶装在巢框上，筑造新的专用育王雄蜂脾，或割除旧脾的上部，让蜜蜂筑造雄蜂房。然后利用隔王栅或蜂王产卵控制器，引导蜂王于计划的时间内在雄蜂房中产卵。

图 7-13　工蜂和雄蜂组合巢础
（引自 Browm，1985）

蜂巢内蜜蜂要稠密，蜂脾比不低于 1.2 ∶ 1，适当放宽雄蜂脾两侧的蜂路。

保持蜂群饲料充足，在蜂王产雄蜂卵时开始奖励饲喂，直到育王工作结束。

2. 母群管理　蜂群应有充足的蜜粉饲料和良好的保暖措施。在移虫前 1 周，将蜂王限制在巢箱中部 3 张子脾中，在移虫前 4 天，用 1 张黄褐色带蜜粉适合产卵的巢脾，将其中 1 张巢脾置换出来，供蜂王产卵，第 4 天提出移虫。

3. 哺育群管理

（1）哺育群标准：13 框蜂以上的高产、健康强群，各型和各龄蜜蜂比例合理，巢内蜜粉充足。父群和母群均可作为哺育蜂群利用。

（2）哺育群组织：在移虫前 1~2 天，先用隔王板将蜂巢隔成 2 区，一区为供蜂王产卵的繁殖区，另一区为幼王哺养区，养王框置于哺养区中间，两侧置放小幼虫脾和蜜粉脾。在做此工作的同时，须除去自然王台。

（3）哺育群管理：保持蜂多于脾，在组织后的第 7 天检查，除去所有自然王台。每天傍晚喂 0.5 千克糖浆，直到王台全部封盖。在低温季节育王，应做好保暖工作，高温季节育王则需遮阳降温。

二、人工育王的方法

一般采取一次移虫育王技术，移 1 日龄的种王幼虫。

如果技术娴熟，采取三次移虫养王技术。第一次移虫为当天早上，第二次移虫在第 2 天下午，第三次移虫在第 3 天早上。第一次和第二次移刚孵化（卵由直立到躺倒时）的幼虫，第三次移 1 日龄幼虫。

无论采取几次移虫育王，幼虫食物必须与日龄相符。

此外，在气候适宜和蜜源丰富的季节育王，并采取种王限产、大卵养虫，强群限量哺养，保证种王群、哺育群食物优质充足措施，努力培育优质蜂王。

（一）育王准备

1. 育王时间　一年中第一次大批育王时间应与所在地第一个主要蜜源泌蜜期相吻合，例如，在河南省养蜂（或放蜂），采取油菜花盛期育王，末期把蜂王更换，蜂群在刺槐开花时新王产子。而最后一次集中育王应与防治蜂螨和培养越冬蜂相结合，可选在最后一个主要蜜源前期，泌蜜盛期组织交尾蜂群，花期结束，新王产卵，防治蜂螨后开始繁殖越冬蜂。其他时间保持蜂场总群数 5%~10% 的养王（交尾）群，坚持不间断地育王，及时更换劣质蜂王或分蜂。

2. 工作程序　在确定了每年的用王时间后，依据蜂王生长发育历期和交配产卵时间，安排育王工作，以三次移虫育王为例，其工作程序见表7-3。

表7-3　人工育王工作程序

工作程序	时间安排	备注
确定父群	培育雄蜂前1~3天	
培育雄蜂	复移虫前15~30天	
确定、管理母群	三次移虫前7天	
培育养王幼虫	三次移虫前3.5~4天	
初次移虫	二次移虫前30小时	移其他健康蜂群的1日龄幼虫（数量为需要蜂王数的200%）
二次移虫	初次移虫后30小时	移其他健康蜂群的刚孵化（卵由竖立到躺倒时）小幼虫（数量为200%）
三次移虫	二次移虫12小时后	移种用母群的刚孵化（卵由竖立到躺倒时）小幼虫（数量为200%）
组织交尾蜂群	三次移虫后9天	亦可分蜂（数量为200%）
分配王台	三次移虫后10天	
蜂王羽化	三次移虫后12天	
蜂王交配	羽化后8~9天	
新王产卵	交配后2~3天	
提交蜂王	产卵后2~7天	

3. 育王记录　见表7-4。

表7-4　人工育王记录表

父系			母系		育王群			移虫					交尾群				完成日期
品种	蜂王编号	育雄日期	品种	蜂王编号	品种	群号	组织日期	移虫方式	日期	时刻	移虫数量	接受数量	封盖日期	组织日期	分配台数	羽化数量	新王数量

（二）操作规程

1. 制作台基　人工育王使用塑料或蜡质台基。蜡质台基的制作方法：先将蜡棒置于冷水中浸泡半小时，选用蜜盖蜡放入熔蜡罐内（罐中可事先加少量水）加热，待蜂蜡完全熔化后，把熔蜡罐置于约75℃的热水中保温，除去浮沫。然后，将蜡棒甩掉水珠并垂直浸入蜡液7毫米处，立即提出，稍停片刻再浸入蜡液中，如此2~3次，浸入的深度一次比一次浅。最后把蜡棒插入冷水中，提起，用左手食、拇二指压、旋，卸下蜡台基备用（图7-14）。

2. **粘装台基** 取1根筷子，端部与右手食指挟持蜂蜡台基，先将蜡台基端部蘸取少量蜡液，再垂直地粘在台基条上，每条10个为宜（图7-15）。

3. **修补台基** 将粘装好的蜂蜡台基条装进育王框中，再置于哺育群中3~4小时，让工蜂修正蜂蜡台基近似自然台基，即可提出备用。利用塑料台基育王，须在蜂群修正12个小时左右。

4. **移虫** 移虫操作方法见蜂王浆的生产。

采用三次移虫的方法，移取种用幼虫前42小时，需从其他健康蜂群中移1日龄内幼虫，并放到养王群中哺育，第2天下午取出，用消毒和清洗过的镊子夹出王台中的幼虫，操作时不得损坏王浆状态，随即将其他健康蜂群中刚孵化的幼虫移入，第3天早上，取出小幼虫，将种群刚孵化的小幼虫移到王台中原来幼虫的位置。

移虫结束，立即将育王框（图7-16）放进哺育群中。

图 7-14　制造蜡质台基

图 7-15　粘装蜂蜡台基

图 7-16　移好蜂王幼虫的养王框

（三）交尾群管理措施

交尾场地须开阔，蜂箱置于地形地物明显处。在蜂箱前壁贴上黄色、绿色、蓝色、紫色等颜色（图7-17），帮助蜜蜂和处女蜂王辨认巢穴，而附近的单株小灌木和单株大草等，都能作为交尾箱的自然标记。

1. 大群交尾管理措施

（1）组织交尾群：利用原蜂群（生产群）作交尾群，多数与防治蜂螨或生产蜂蜜时的断子措施相结合，须在介绍王台前一天下午提出原群蜂王，第2天介绍王台，继箱单王群，上、下继箱各介绍1个，分别从下巢门和上巢门（继箱下沿开的巢门），继箱双王群，上面1个、下面2个王台。

图 7-17　育王场
（薛运波　摄）

（2）分配王台：移虫后在第 10~11 天，从哺育群提出育王框，不抖蜂，必要时用蜂刷扫落框上的蜜蜂。两人配合，一人用薄刀片紧靠王台条面割下王台，一人将王台镶嵌在蜂巢中间巢脾下角空隙处。在操作过程中，防止王台冻伤、震动、倒置或侧放。

（3）检查管理：介绍王台前开箱检查有无王台、蜂王，3 天后检查处女蜂王羽化和质量；处女蜂王羽化后 6~10 天，在上午 10 时前或下午 5 时后检查处女蜂王交尾或丢失与否，羽化后 12~13 天检查新王产卵情况，若气候、蜜源、雄蜂等条件都正常，应将还未产卵或产卵不正常的蜂王淘汰。

严防盗蜂，气温较低对交尾群进行保暖处置，高温季节做好通风遮阳工作，傍晚对交尾群奖励饲喂促使处女蜂王提早交尾。

2. **小群交尾管理措施**　在分区管理中，用闸板把巢箱分隔为较大的繁殖区和较小的、巢门开在侧面的处女蜂王交尾区，并用覆布盖在框梁上，与繁殖区隔绝。在交尾区放 1 框粉蜜脾和 1 框老子脾，蜂数 2 脾，第 2 天介绍王台。

或用一只标准郎氏巢箱 1 分 4 组织交尾群，在介绍王台前一天的午后进行，蜂巢用闸板隔成 4 区，覆布置于副盖下方使之相互隔断，每区放 2 张标准巢脾，东西南北方向分别开巢门。从强群中提取所需要的子、粉、蜜脾和工蜂，以 5 000 只蜜蜂为宜。除去自然王台后分配到各专门的交尾区中，并多分配一些幼蜂，使蜂多于脾。工作完成后，及时将交尾群送到专门的交尾场地。其他管理同上。

大群作交尾群，蜂王交配时间会延迟 2~3 天；小群作交尾群，节省蜜蜂，但蜂王交配时间早。

三、提交蜂王

利用大群交尾管理法，一次育王交尾成功率一般在原有蜂群的 125% 以上。蜂王育成后及时淘汰劣质蜂王，使蜂群进入正常的繁殖状态。

如果是专用交尾箱新王已产卵，对质量合格的蜂王及时交付生产蜂群或繁殖蜂群，及时淘汰劣质蜂王。

1. **优选蜂王**　蜂王产卵两个月判定其质量，优质蜂王产卵量大；从外观判断，蜂王体大匀称、颜色鲜亮、行动稳健。

2. **装笼邮寄**　通过购买和交换引进蜂王，推广良种，需要把蜂王装入王笼里邮寄，用炼糖作为饲料，正常情况下，邮寄时间在 1 周左右是安全的。

（1）带水邮寄：王笼一端装炼糖，炼糖上面盖 1 片塑料，另一端塞上脱脂棉，向脱脂棉注半饮料瓶盖水。将蜂王和 7 只年青工蜂装在中间两室，然后套上纱袋，再用橡皮筋固定，最后装进牛皮纸信封中，用快递（集中）投寄（图7-18）。

（2）无水邮寄：王笼两侧凿开2毫米宽的缝隙，深与蜜蜂活动室相通，一端装炼糖，炼糖上部覆盖一片塑料，中间和另一端装蜂王和6~7只年青工蜂，然后用铁纱网和钉书针封闭，再数个并列，用胶带捆绑四面，留侧面透气，最后固定在有穿孔的快递盒中邮寄（图7-19）。

3.**更换蜂王**　接到蜂王后，首先打开笼门，将王笼中的工蜂放出，然后关闭笼门，再将王笼贮备炼糖的一端朝上，置于无王群相邻两巢脾框耳中间（图7-20），3天后无工蜂围困王笼时，再放出蜂王。

也可将蜂王装进竹丝王笼中，用报纸裹上2~3层，在笼门一侧用针刺出多个小孔，然后抽出笼门的竹丝，并在王笼上、下孔和笼门一侧注入几滴蜂蜜，最后将王笼挂在无王群的框耳上，3天后取出王笼（图7-21~图7-26）。

在导入蜂王之前，须检查蜂群，提出原有蜂王，并将王台清除干净。

对于贵重蜂王导入蜂群，可在正常蜂群的铁纱副盖上加继箱，从其他群抽出正出房的子脾2张，清除蜜蜂后放进继箱中央，随即将蜂王放在巢脾上，盖上副盖、箱盖，另开异向巢门供出入，注意保温。

放出蜂王后，如果发现工蜂围王，应将围王蜂团置于温水中，待蜜蜂散开，找出蜂王。如果蜂王没有死亡或受伤，就采取更加安全的方法介绍。

图7-18　喂水蜂王邮寄法

图7-19　无水蜂王邮寄法

图7-20　导入蜂王

图 7-21　介绍蜂王——准备

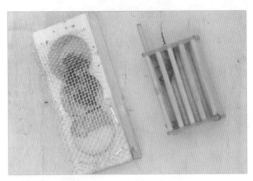

图 7-22　将王单独装笼

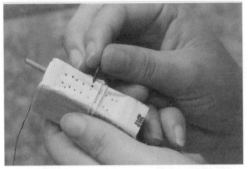

图 7-23　报纸包裹王笼、扎孔

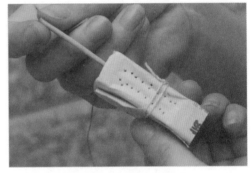

图 7-24　打开"笼门"

图 7-25　"笼门"涂蜜

图 7-26　置王笼于两框耳间

第八章
中蜂蜂群管理

中蜂在我国分 9 个类型，各自适应当地蜜源和气候条件。目前，养中蜂有无框和有框两种方式，蜂箱形式、大小各异，管理模式根据蜂箱而定，蜂蜜产量 10 千克 / 群左右。

第一节　活框养中蜂

利用蜂箱、巢框（图 8-1）像意蜂一样饲养中蜂的方法，是中蜂养殖发展的方向。

一、标准意蜂蜂箱饲养中蜂

使用意蜂标准蜂箱饲养中蜂，除巢础外，多数蜂具通用，养殖方法类似意蜂。少数人的蜂产量较高，大部分人的蜂经常有病，产量反而下降。各地因此开始

图 8-1　活框蜂箱养中蜂

出现改良蜂箱，研制配套技术，在保持单产不降的条件下，减小劳动强度，增加总体收入。根据生产实践，较好的改良措施如下述，核心技术是增加下蜂路。

（一）改良一

1.蜂箱改良　标准蜂箱，在原来箱体上，添加 7~10 厘米高度的浅箱圈一个，增

大下蜂路。

2. **蜂群管理** 参考意蜂，要求蜂多于脾。

类似的方法是，使用双箱体、深巢框、小活框蜂具，一只王不分区管理，蜂群蜜蜂可达 40 000 只以上（图 8-2）。

（二）改良二

1. **蜂箱改良** 包括箱体、巢框（图 8-3）。

图 8-2 双箱体深巢框小活框饲养中蜂
（史定武蜂场）

图 8-3 标准意蜂箱，增加下蜂路，
巢脾框横放

（1）巢箱：标准蜂箱，建议使用活底。

（2）继箱、浅继箱：通用，建议使用浅继箱。

（3）巢门：巢门设在侧面，左右和中间共 3 个，高 5~7 毫米，宽 100 毫米左右。

（4）框槽：开在巢箱、继箱两个长的箱沿上，与巢门相对。

（5）巢框：内宽 334 毫米，框梁长 386 毫米、宽 20 毫米、厚 20 毫米，侧条高 230 毫米、宽 20 毫米、厚 10 毫米，下梁长 334 毫米、宽 12 毫米、厚 10 毫米。每套蜂箱配备巢框 21 个。

（6）隔板：厚薄 10 毫米，比巢框外围尺寸稍大的整块木板，4 块。

（7）隔王板：平面隔王板 1 块，立式隔王板 2 块。

（8）闸板：1 块。

（9）底箱圈：高 5~10 厘米，长宽与箱身等同。置于箱底上、箱身下，或巢箱上，共同组成繁殖箱体，增大下蜂路。

2. **蜂群管理** 要求蜂多于巢脾。

（1）巢脾：横放。

（2）单王群：繁殖期，巢脾放中间，两侧加隔板。

生产期，平箱群，繁殖区在中间，6 张巢脾，两侧加隔王板，外置贮蜜巢脾；根据情况，中间加础造脾，老脾移到生产区。

多箱体，浅箱圈放置在巢箱上，繁殖区在巢箱中间，6~7 张巢脾，两侧加隔板，巢箱与继箱之间加隔王板，继箱中与巢箱相对放置贮蜜巢脾；根据情况，巢箱加础造脾，老脾移到继箱。

（3）双王群：巢箱中间加闸板，一边一只蜂王，上继箱时，巢箱与继箱之间加隔王板，上、下箱体蜂脾对应，置于中间。

其他管理参照意蜂。

二、地方改良蜂箱饲养中蜂

以河南为例，豫蜂中蜂蜂箱及配套技术，核心内容是加大下蜂路、多造新巢脾及早育新王、常年蜂蜜足，这样蜜蜂不拉稀、蜂蜜产量稳定。

图 8-4　豫蜂中蜂蜂箱

（一）蜂箱

豫蜂中蜂蜂箱规范牢固，主要是增加巢箱下部活动空间、向上累加继箱扩大蜂巢，较适合河南中蜂养殖（图 8-4）。

1.**箱体（继箱、箱圈）**　每群 3 个，高 245 毫米，内宽 275 毫米、内长（前后）370 毫米。箱沿内开深 16 毫米、宽 10 毫米的 L 形槽，供承受巢框框耳。前后箱壁厚 22 毫米，左右箱壁厚 20 毫米。前后箱壁下沿偏中央处开高 5~7 毫米、宽 70 毫米小巢门各 1 个，备用。

2.**巢框**　内宽 334 毫米。框梁长 386 毫米、宽 20 毫米、厚 20 毫米，侧条高 230 毫米、宽 20 毫米、厚 10 毫米，下梁长 334 毫米、宽 12 毫米、厚 10 毫米。每套蜂箱配备巢框 21 个。

3.**巢门**　巢门堵板（档），开高度 7 毫米、宽度 100 毫米缺口，具有可开关和调节巢穴口大小的小木块。

4.**隔板**　厚薄 10 毫米，比巢框外围尺寸稍大的木板，2~4 块。

5.**箱底**　箱底厚 15 毫米、长 439 毫米、宽 355 毫米。箱底板上面左、右和后边沿装钉高 25 毫米、宽 40 毫米的 L 形木条，承接箱体。箱底左右各钉与箱底等长、宽和高为 25 毫米的木条各一根，作为支撑。

6.**箱盖**　内围尺寸比箱体大 10 毫米，板厚 15 毫米，内部前后边缘衬垫 25~30

毫米见方的木条，左右开通风窗口。

7.**副盖**　由四根木条组成的框架（木条宽30毫米、厚20毫米）和中间横梁组成，外围尺寸与箱身相同，钉铁纱。

8.**底箱圈**　高5~10厘米，长宽与箱身等同。置于箱底上、箱身下，或巢箱上，共同组成巢箱（繁殖箱体），增大下蜂路。

9.**浅箱体（浅继箱、浅箱圈）**　如果使用浅箱圈饲养，每个蜂群备5~6个，巢框40个，浅继箱高度168毫米，或根据需要确定，长、宽等同箱圈，巢框和隔板做相应改变。

亦可正常箱体和浅箱体结合使用，前者作为繁殖箱，后者作为贮蜜箱。

（二）养蜂场地

1.**蜜源植物**　距蜂场半径1.5千米范围内须具有一种及以上的主要蜜源植物（如荆条、酸枣等）和连续的辅助蜜源植物。

2.**环境**　蜂场附近有便于蜜蜂采集的良好水源或设饮水装置；地势高燥，背风向阳，冬暖夏凉，僻静，场地清洁，巢门前面开阔（图8-5）。避免在风口、水路和低洼处。

3.**蜂场密度**　方圆1.5千米范围内，蜂群数量60箱左右，相邻蜂场相距不少于3千米。

4.**蜂箱摆放**　蜂箱置于木架之上，距离地面30厘米左右，左右平衡，后部稍高前部1厘米；或放在片石上。蜂群左右相离1米，前后相距3米，巢门前要开阔（图8-6）。蜂群可摆放在房前屋后，也可散放在山坡，根据地形、地物分散排列，或处于不同高低位置；集中排列蜂群时，以3~4群为一组，背对背且方向各异，方便蜜蜂识别巢门方位、管理和不引起盗蜂为准。

图8-5　一个山区（豫蜂）中蜂场

图8-6　广州中蜂场
（罗岳雄　摄）

（三）蜂王培育

1. 培育处女蜂王

（1）时间：在各地自然分蜂前更换蜂王，河南养王时间一般在每年4月上旬。

（2）选种、引种：可以自己选育种王，也可引进种王。

1）选种。根据记录，选出蜂场1/3、表现优良（不生病、产量高、性情温顺）的蜂群，其中2/3养雄蜂、1/3养蜂王。

2）引种。每隔两年，从10千米外、高产稳产、无病的同类型中蜂蜂场，购买表现最好的2群及以上蜜蜂，作为育王种群。不得引进其他中蜂地理亚种或类型的蜂群、蜂王。选出自有的优秀蜂群培养雄蜂。

（3）育处女蜂王。

1）裁脾育王。将养王群下缘有卵或小幼虫的巢脾，割除下缘2厘米，工蜂会自动将被破坏巢房中的卵或小幼虫养成蜂王，每群养王10~15个（图8-7）。

2）移虫养王。利用蜡碗移24小时以内工蜂小幼虫，每个育王群放框1个，每框20个王台。所移幼虫，可放于意蜂群哺育12小时左右，再提到中蜂哺育群（群众称此为营养杂交）。

3）分台。育王第9天，给每个交尾蜂群介绍一个端正个大的王台（提前一天将原群蜂王除去）。

图8-7　裁脾育王
（朱志强　摄）

2. 培养雄蜂
3月中旬，将养雄群中间巢脾裁去1/3，蜂群将自然造脾培育雄蜂。

培育雄蜂的数量是蜂王数量的50~200倍。

（四）饲料

1. 糖饲料
蜜为主，以留为主；白糖为辅，以喂为辅。

（1）蜂蜜饲料：贮备蜂群采集酿造的封盖蜜脾作为度荒补充饲料，以留为主，不宜饲喂。平时保持巢脾有半数及以上蜜脾（图8-8，图8-9），越冬保证每个蜂群

图8-8　继箱蜜脾（1）
（李新雷　摄）

图 8-9 继箱蜜脾（2）

（李新雷 摄）

有蜜 7.5 千克及以上。

（2）白糖饲料：白砂糖作为蜜蜂蜂蜜饲料的替代品，在越冬饲料不足时，于繁殖越冬蜂前（如河南 8 月底）进行补喂。

2. **蛋白质饲料** 蜂花粉无变质、无牙碜、无污染，早春开始繁殖时饲喂，到有充足花粉采回时结束；蜂乳饲料，根据蜂群哺育能力控制繁殖速度。

（五）蜂群管理

1. **夏季遮阴** 散放蜂群置于树下，或箱盖加装反光膜。成排摆放并搭建遮阳棚。

2. **蜂群检查** 多箱外观察，少开箱打扰。

（1）箱外观察：站在蜂箱一侧，观察蜜蜂行为、巢门状况，或拍击、抬箱等，根据经验判断蜂群采蜜、采粉、中毒、盗蜂、蜂王、饲料、分蜂和繁殖好坏等（图 8-10）。

（2）开箱检查：有目的地提出部分巢脾查看。饲养中蜂，减少开箱和取蜜次数，缩短开箱时间。具体操作参考意蜂进行。

3. **繁育时间** 南早北晚，河南中蜂 1 月即开始产卵，人工养殖时间多选在 2 月立春前后。坚持新脾繁殖，蜂多于脾（图 8-11）。

4. **整理蜂巢** 准备好 5~10 个消过毒修补好的蜂箱（由箱底、底箱圈、箱圈组成），选择 10℃以上无风晴暖天气，搬开蜂群，清理原箱地面上的杂物，喷雾消毒，并把其他消好毒的蜂箱放在原位置，再将蜂群移入，尽抽空脾、老脾和多余蜜脾，保留蜜脾 3 张。对替换下来的蜂箱清理、消毒，循环使用。

双箱体越冬、繁殖的蜂群，蜂巢放在继箱。

图 8-10 管理中蜂，箱外观察为主

图 8-11 早春繁殖蜂巢状况

5. 补充饲料　一年四季保证蜂蜜食物充足。

（1）补蜜脾：缺蜜蜂群，抽出空脾，调入封盖蜜脾，勿割蜜盖。

（2）奖花粉：用温开水将蜂花粉湿润成粉状，再用糖水将其制成饼状，3 天 50 克，置于框梁上方供蜂取食，其上再覆盖塑料薄膜或蜡纸。

6. 扩大繁殖蜂巢　蜂蜜充足，天气良好，箱内出现造新脾时进行。

（1）加础造脾：在蜂巢两边各加 1 个巢础框，以此标准循序渐进扩大蜂巢。

（2）叠加继箱：巢箱平箱体繁殖，蜂巢有 6~7 框足蜂，蜂群造脾，准备继箱 1 个、巢础框 7 个；然后巢箱放 2 张小子脾，5 个巢础框分放两侧，原有巢脾拿到继箱中间，两侧各放 1 个巢础框；巢、继箱中间不加隔王板。

继箱双箱体繁殖，待蜜蜂造新脾，直接将巢础框置于巢箱即可（图 8-12）。

浅继箱单体繁殖，待蜜蜂造新脾，直接将装满巢础框的浅继箱置于原箱体下、底箱圈上。

以后每月抽查蜜蜂，如果上面箱体装满蜂蜜，再加箱圈于底箱圈上、原来箱圈之下，放础、调脾方法如上。

图 8-12　下箱体造脾、繁殖

（六）分蜂

1. 预防分蜂　提前育新王，更换老蜂王；适时扩大蜂巢；遮阳降温；清除干扰。

2. 收捕分蜂　在分蜂季节里，蜂场附近明显处的树枝下、屋檐下，多挂收蜂斛、笼，等蜂自然来投，然后再做处理（图 8-13）。其他参考意蜂进行。

图 8-13　设置收蜂斛、笼，等蜂自然来投

3. 人工分蜂

（1）原场组织分蜂：将被分蜂群向左或右移动 1 米，在原来位置右边或左边 0.5 米位置放空蜂箱；然后，将原群蜜蜂、巢脾、子、蜜平分为二，一群带王留下，一群置于新设箱中，第 2 天给新分群导入产卵王 1 只或即将出王台 1 个。

（2）异地组织分蜂：利用平均分蜂方法，将分出的蜂群，即刻运往3千米以外的放蜂场地，第2天介绍王台或蜂王，饲养1个月左右拉回（图8-14）。

图8-14　中蜂分蜂蜂场

（七）蜂蜜生产

1.采蜜时间　一是春天整理蜂巢，留3张蜜脾，其他巢脾尽数抽出取蜜；二是蜂群越冬之前，留足蜂蜜饲料（若浅继箱贮蜜，用整箱蜜脾作饲料），其他巢脾提出取蜜、化蜡。平时根据需要抽取蜂蜜（图8-15，图8-16）。

图8-15　继箱贮蜜

图8-16　生产成熟蜂蜜

2.取蜜操作　参考意蜂分离蜂蜜、巢蜜生产方法。

3.注意事项

（1）从蜂箱中抽出的巢脾，最后尽量化蜡处理。

（2）分离蜂蜜，宜用电动取蜜机械。

（八）越冬

1.场地 要求干燥、僻静、背风、阴凉。

2.蜂群 当年蜂王，12 000 只以上蜜蜂。

3.蜂巢 用双箱体越冬，取出所有空脾，留下整蜜脾放继箱、半蜜脾放巢箱，盖好覆布。单箱体（一个箱体加一个底箱圈）越冬的，所留巢脾要求全是蜜脾。

4.蜂、脾比例 蜜蜂包裹巢脾。

5.饲料 根据群势，每群 7.5 千克及以上。根据箱外观察，判断饲料盈缺，缺食蜂群，在 8 月底前（出现盗蜂之前）喂足。

6.保温处置 冬季最低温度在 -18℃及以上地区，无须特殊保温处置，盖好覆布即可（图 8-17）；蜂箱外罩 1~2 层黑色遮阳网，既可遮光，也可起到稳定温度作用。

低于 -18℃的，参照意蜂保温处置。

7.其他 做好防火、防盗、防鼠、防干扰等工作。

图 8-17　河南中蜂越冬（最低温度 -18℃）

第二节　无框养中蜂

中蜂无框饲养，传统蜂箱是圆形或方形木桶，经过各地改进，现在还有格子蜂箱、板箱。

一、格子箱养中蜂

（一）基本理论

1.概念 将大小合适、方形或圆形箱圈，根据蜜蜂群势、蜜源等上下叠加，调整蜂巢空间，它是无框养蜂较为先进的技术之一（图 8-18）。

图 8-18　方形格子蜂箱

2.**原理** 自然蜂群，巢脾上部用于贮存蜂蜜，之下备用蜂粮，中部培养工蜂，下部雄蜂巢房，底部边缘建造皇宫（育王巢房）。另外，中蜂蜂王多在新房产卵，蜜蜂造脾，蜂群生长，随着蜜蜂个体数量增加（蜂）巢脾长大（是新脾新房蜂群生长的表现）。根据这些生活习性，设计制作横截面小、高度较低、箱圈更多的蜂箱，上部生产封盖蜂蜜，下部加箱圈增空间，上、下格子箱圈巢脾相连，达到老脾贮藏蜂蜜、新脾繁殖、少生疾病的目的。另外，在最下层箱圈下加一底座，增加蜂巢空间，方便蜜蜂聚集成团，调节孵卵育虫的温度和湿度，同时兼有开箱观察功能。

（二）制作蜂箱

1.**格子蜂箱的结构** 由箱圈、箱盖和底座组成，有圆形和方形两种。方形的（图8-19，图8-20）由四块木板合围而成，圆形的由多块木板拼成，或由中空树段等材料距离分割形成。底座大小与箱圈一致，一侧箱板开巢门供蜜蜂出入，相对的箱板（即后方）制作成可开闭或可拆卸的大观察门（图8-21）。箱盖或平或凸，达到遮风、避雨、保护蜂巢的目的，兼顾美观、展示；箱盖下蜂巢上还有一个平板副盖，起保温、保湿、阻蜂出入和遮光作用。

图8-19 方形格子蜂箱　　　图8-20 方形格子箱圈　　　图8-21 方形格子箱座
（引自《养蜂之家》）

制作格子蜂箱的板材来自多个树种，厚度宜在1.5~3.5厘米。薄板箱圈因其保温不好，故不能作为越冬箱体使用。它用于生产，蜂蜜经过包装就可直接销售。厚板箱圈越冬用保温好，夏季用隔热效果好。

2.**格子箱圈大小** 各地环境气候、种群大小、蜜源类型和多寡皆不一样，加上各人习惯、市场需要、产品属性、饲养目的（譬如爱好、工娱活动、生产销售），全国格子箱圈大小没有标准（固定尺寸）。一般直径或边长在18~25厘米、高度为6~12厘米，箱圈小可高些，箱圈大可低些，南方小，北方大。综合各地经验，以意蜂郎氏标准巢脾为标准（一脾中蜂约有 3 500 只工蜂），箱圈大小与蜂群、蜜源的关系见表 8-1。

表 8-1 箱圈大小与蜂群、蜜源的关系

群势 / 脾	箱圈直径或边长 / 厘米	蜂蜜产量 / 千克	箱圈高度 / 厘米	备注
4~6	22	< 10	8~10	
		> 10	10~12	
6~8	24	< 10	8~10	
		> 10	10~12	
8~10	25	< 10	8	
		> 10	8~10	
说明				

3. 格子箱圈的制作

（1）方形格子箱圈：由 4 块木板装钉而成，木板拼接，有榫无钉，箱板薄（1.5 厘米以内），其箱圈本身作为销售包装的一部分；有榫铆钉，箱板厚实（2~3.5 厘米）、坚固。

（2）圆形格子箱圈：由侧边有凹凸槽的小木板拼接而成，外箍铁箍，或由竹条或钢丝将短而细的圆木串接起来；或由中空的树段等距离分割而成。

（3）每套蜂箱配底座 1 个，平板副盖 1 个，箱盖 1 个，4~5 格箱圈。

（4）底座前开小门供蜂出入，后开大门，即后箱板可开闭，亦可撤装，供观察和管理之用。

箱板以 3.5 厘米最好，夏季隔热、冬季保温。

4. 新格子箱的处理
新箱圈有异味，蜂不愿进。清除异味方法如下。

（1）水泡：箱圈风干后泡塘水，取出风干，清水冲洗后再风干备用；或在箱圈内涂蜜蜡，蜜渣煮水泡箱。

（2）火烤：利用酒精灯火焰喷烧，使箱圈表面碳化。

（3）烟熏：将箱圈和内盖交叉叠放，支离地面 50 厘米，点燃木材、艾草熏蒸。新箱在使用前，还需稀蜜水加少量盐喷湿内壁。

（三）日常管理

1. 蜂场
僻静、安全、冬暖夏凉，蜂路开阔（图 8-22）。

2. 春季繁殖
立春前后，蜜蜂采粉，即可进行春季繁殖管理。

（1）清扫：打开侧板，清除箱底蜡渣。

图 8-22 中蜂格子箱多箱格饲养

（2）缩巢：从底座上撤下蜂巢，置于井字形木架上，稍用烟熏，露出无糖边脾，用刀割除。然后根据蜜蜂多少，决定下面箱圈去留，最后将蜂巢回移到底座上。

（3）奖饲：通过侧门，每天或隔天傍晚喂蜂少量蜜水。

（4）扩巢：经过 1 个月左右的繁殖，巢脾满箱，从下加第二个箱圈。以后，根据蜂群大小、蜜源情况，逐渐从下加箱，扩大蜂巢。

3. **添加格子** 繁殖期，打开底座活动侧板，查看蜂巢。如果巢脾即将达到底座中，就把原有蜂箱搬离，先在底座上部添加一个格子箱圈，再将格子蜂群放回新加格子箱圈之上。

生产期、大流蜜期在上添加格子箱圈，小流蜜期在下添加格子箱圈。

4. **检查蜂群** 打开底座活动侧板，点燃艾草绳，稍微喷出烟，蜂向上聚集，脾下缘暴露，从下向上观察巢脾，即能发现有无王台、造脾快慢、卵虫发育等问题。

打开箱盖，或搬动、侧翻箱格，查看蜂蜜的多少（图 8-23，图 8-24）。

图 8-23 打开箱盖暴露蜂巢
（李长根 摄）

图 8-24 搬起格子
（李长根 摄）

5.**捕捉蜂王** 有向上撵和向下赶两种方法。

（1）向上撵：第一，准备一个与蜂巢相同的格子箱圈、一片同大的隔王板，先将带王蜂巢搬离原址，另置底座于原箱位，再取平板副盖盖底座上，收拢回巢蜜蜂；第二，撤下副盖，并在蜂巢上方添加一层箱圈，其上加隔王板，隔王板上再加两层箱圈，盖上箱盖；第三，轻敲下部箱体，或用烟熏，或用风吹，驱蜂往上爬入空格结团，最后在隔王栅下面的箱圈中寻找蜂王。

（2）向下赶：箱圈下底座上添加箱圈，关闭巢门，再将底座活动箱板（观察侧门）改换纱窗封闭；然后使用风机向下吹蜂离脾，即时在空格和蜂巢之间加上隔王板，最后，工蜂上行护脾，在空格箱圈中寻找蜂王。

以上两种方法，在找到蜂王后将其关进王笼中，将蜂巢移到原来位置，再进行下一步的管理措施。

6.**更换蜂王** 分蜂季节，清除王台，在蜂巢下方添加隔王板，将上层贮蜜箱取下，置于隔王板下、底座上，将蜂王诱入王台。新王交配产卵后，如果不分蜂，按正常加箱格管理，抽出隔王板，老蜂王自然淘汰；如果分蜂，待新王交尾产卵后，就把下面箱体搬到预设位置的底座上，新王、老王各自生活。

7.**喂蜂** 中蜂饲料靠留，常年保留一格封盖蜜脾，供作消耗。如果储备不够，早喂越冬饲料。

1份白糖加0.7份水，加热溶化，混合均匀，置于容器，上放秸秆让蜂攀附，最后置于底座中，边缘与蜂团相接。如果容器边缘光滑，用废脾片裱贴。

喂蜂的量，以当晚午夜时分搬运完毕为准。如果大量饲喂，须全场蜂群同时进行。

8.**收蜂** 收蜂操作参考第四章。另外，将木制梯形或竹制篓形收蜂笼挂在蜂场附近朝阳树枝下（图8-25），或者置于向阳、明显的巨石旁，引诱分蜂群投靠。

图8-25 收蜂

在位置明显处，设置诱捕蜂箱，蜜蜂也会投靠。

9.**合并蜂群** 打开箱盖，揭去副盖，盖上报纸，多打小孔，再添箱圈，将无王蜂抖入，盖上箱盖，3天后撤报纸、去箱圈，或将无王蜜蜂带箱叠加上去，3天后整理蜂群。

10.**诱蜂造脾** 如果蜂巢不满箱，剩下空间不造脾，在蜂群发展到3个箱体时，即巢脾高约30厘米，蜜、粉、子圈分明，就在底座上添加覆布一块，只挡有脾一侧，无脾一侧空出，蜜蜂就会将剩余空间筑满蜂巢。

11.**防止盗蜂** 饲养强群，常年留足蜂蜜饲料，是防止盗蜂最好的方法。如果蜂蜜饲料不足，傍晚饲喂蜜蜂，午夜之前搬完。巢蜜生产季节，在没有其他蜂场蜜蜂干扰的情况下，也可以全场同时大量饲喂。

其他参考第四章进行。

12.**转场** 割除最下一格巢脾，上下箱体连接固定，取下侧门，换上纱窗，关闭巢门，即可装车运蜂。

（四）割取蜂蜜

1.**准备工作** 先备齐起刮刀、不锈钢丝或棉线、艾草或香、容器、螺丝刀、常用割蜜刀、L形割蜜刀、"井"字形垫木，并对工具进行清洗消毒等。

2.**操作程序**

（1）解绑绳：取下箱盖斜靠箱后，用螺丝刀将上、下连接箱体螺钉松开，或解开相连铁丝（未有连接没有这一步骤）。

（2）撤副盖：先用起刮刀的直刃插入副盖与箱沿之间，撬动副盖，使其与格子一边稍有分离；再将不锈钢丝横勒进去，边掀动起刮刀边向内拉动钢丝两头，并水平拉锯式左右和向内用力，割断副盖与蜜脾、箱沿的连接，取下副盖（图8-26），反放在巢门前。

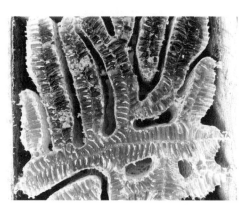

图8-26 撤去箱盖、副盖
（李长根 摄）

（3）赶蜜蜂：点燃艾草，从格子箱上部向下部喷烟，赶蜂下移；或使用吹蜂机吹蜂下移，快捷、卫生；或提前1~2天，采用上法，先使待取蜜箱格与下箱格分离，再将脱蜂板置于两者之间。

（4）取蜜箱：将起刮刀插入上层与第二层格子箱圈之间，套上不锈钢丝，用同样的方法，使上层格子与下层格子及其相连的巢脾分离；上、下层格子之间用0.5厘米小木棒支离，稍停20分钟左右，待蜜蜂清理断裂处蜂蜜后，搬走上层格子蜜箱，蜂巢上部盖好副盖和箱盖。

采用脱蜂板的，直接将脱蜂板上的蜜箱取走即可。

后续处理：蜂蜜箱取下后，在室内进一步处理。一是做巢蜜——格子箱圈中的蜂蜜可以作为巢蜜，置于井字形木架上，经过边缘残蜜清理，包装后即可出售（图8-27）。格子箱养中蜂，可结合添加巢础框、巢蜜框，生产巢蜜。

二是分离蜜——利用榨蜜机，可挤出蜂蜜（图8-28）。经过水浴加热将蜂蜜与蜂蜡分离，再行过滤。

图 8-27　割蜜
（张国兵　摄）

图 8-28　一种小型榨蜜机

蜡渣可做化蜡处理，也可作为引蜂的诱饵，洗下的甜汁用作制醋的原料。

（五）分蜂增殖

1. 自然分蜂

（1）预测时间：每年中蜂都有比较固定的分蜂时间，即分蜂季节，如中原地区每年4月下旬到5月上中旬，蜂群经过一个春天的增长，蜂多蜜多，便集中养王闹分蜂（家）。在此期间，打开观察窗口，查看王台有无，估算出王时间。

（2）捕捉蜂王：王台封盖后，蜂群出现分蜂迹象，巢门安装多功能笼（可供中蜂自由进出，蜂王能进不能出，意蜂工蜂不能通过）。此后几天，注意观察，当看见大量蜜蜂涌出巢门，在蜂场飞舞盘旋，即表明分蜂开始。首先找到分蜂群，守在箱侧观察，待蜂出尽、工蜂设防，取下有王多功能笼。

（3）原巢安置：等到分蜂出尽，将格子蜂巢不带底座迁移别处，并置于新的底座上；待分蜂处理后，再把老箱放回原址，也可把老箱放其他处，新蜂箱放原址。

原箱留王台1个，多余清除。

（4）分蜂处理：首先准备新箱一套，内部绑定有蜜有粉子脾1~2块。

引蜂回巢。在原底座上放置新箱，蜂王带笼置于巢门踏板上，吸引分蜂回巢，待多数蜜蜂进入蜂箱，打开笼门，蜂王随工蜂进巢，分蜂收尽，将分蜂群迁移到合适位置饲养。

引蜂入笼。如果蜜蜂聚焦于收蜂笼，稳定后抖蜂入新箱即可，原来蜂群不动。

2. 人工分蜂

（1）一般分法：蜂群出现王台，先将箱圈搬离底座，取下底座后（侧）门，换上纱窗，保持通风，关闭巢门，上加两个箱圈，再将蜂群移回。打开箱盖，将蜂赶进下面新加箱圈，及时在原箱圈和空箱圈之间插入隔王板，然后静等工蜂上行护脾。底座和空箱圈内剩余少量工蜂和老王，撤走另置，添加有蜜有子有蜂箱圈（从分蜂群分离而来），两天后撤走空箱圈，即为新群老王。原群下加底座，静等处女蜂王交配产卵。

（2）平均分法：

1）结合割蜜分蜂。先撤走上层贮蜜箱，再把有子箱圈从中间平均分离，分别置于底座之上，位于原箱左右，距离相等、相近，以后经过观察，蜂多的一群向外移，蜂少的一群向内移，尽量做到两群蜂数相当。如将其中一群搬走，就多分配一些蜜蜂，弥补回蜂损失。

通过观察，生活秩序井然的为有王群，蜜蜂飞出乱窜、巢门有蜂惊慌悲鸣、傍晚聚集巢门的为无王群，应及时导入成熟王台或产卵蜂王，或静等其急造王台自行培育蜂王。

2）不割蜂蜜分蜂。蜂巢出现王台便可分蜂。在晴暖上午，去掉箱盖，上加格子箱圈1个，盖回箱盖。敲击箱体或由下向上喷烟赶蜂上行。然后将蜂巢从中间上下分离，上部蜂多食多、无台有王，置于新址；下部蜂少子多、无王有台，不动，外勤蜂回巢养王。

（3）圆桶箱圈人工分蜂：在晴天午前，移开原箱，原址添加一格箱圈，从原群中割取子脾，裁成手掌大小，固定箱圈中后，导入成熟王台，回巢蜜蜂即可育出新王。或者，将原群有王箱体搬离，放置它处；原地放有王台箱体，接回蜂。

通过箱外观察判断蜂群正常与否。新王产卵，蜂多粉多；无王蜂群，巢门进出三三两两，长时间不见带粉蜜蜂。处女群少干扰，如长期归巢蜜蜂不带粉，蜂黑亮，须淘汰。

（六）蜂群越冬

根据蜂群大小，保留上部1~2个蜜箱，撤除下部箱圈，用编织袋从上套下，包裹箱体2~6层，用小绳捆绑，缩小巢门（图8-29）。

图8-29 保温防鸟包装

二、桶养中蜂

利用中空的树段或方形蜂桶饲养中蜂（图 8-30），高 60~80 厘米、直径 35~50 厘米，或立或卧，巢脾联结箱壁，从桶的两端口观察蜂群。

1. 饲养方法 用蜂桶养中蜂，在长江流域及其以北山区还较多。在蜂桶中间或稍微靠上一些的位置，用约 3 厘米见方的木条成"十"字形穿过树段，即成蜂桶（图 8-31）。方木下方供造脾繁

图 8-30　蜂桶

图 8-31　支撑巢脾的十字架

殖，上方供造脾贮存蜂蜜。蜂桶置于石头平面上或底座（木板）上，巢门留在下方，上口用木板或片石覆盖，并用泥土填补缝隙（图 8-32）。置于庭院的蜂箱（桶），有些群众将其悬挂在房屋墙壁上（图 8-33）。

图 8-32　散放在山坡上的蜂群

图 8-33　挂在墙上的中蜂

2. **检查蜂群**　在分蜂季节将蜂桶倾斜30°左右，用烟驱赶蜜蜂，露出巢脾进行查看（图8-34）。蜂包住脾属于正常，如果巢脾灰暗、蜜蜂稀疏、蜂子腐烂，表明蜂群或蜂王生病，应采取相应管理措施。同时，清扫箱底垃圾。检查完毕，放正蜂桶，恢复原状，做好记录。

3. **更换蜂王**　分蜂季节查看巢脾下部，留下1个王台，预测分蜂时间，等待时机收捕（图8-35，图8-36）。分出蜜蜂还给蜂群，淘汰老王。

图8-34　倾斜箱身查看

图8-35　收蜂台

图8-36　成排放置诱捕箱的收蜂场

4. **养王、分群**　分蜂季节，检查蜂群，将有封盖王台的巢脾割下来一部分，粘贴在桶壁上，再将蜂桶倒置。用V形纸筒将原群中的蜜蜂舀出两勺，靠拢巢脾，让蜂上脾，然后再舀几勺直接倒入蜂箱，迅速盖上盖子（木板），最后将蜂桶放在原蜂群的位置，把原群搬到一边饲养。

5. **饲喂蜜蜂**　掀起蜂桶，将盛装糖水的容器置于桶底，上浮秸秆或小木棒，靠近巢脾下缘即可。

6. **扩巢**　可在下方或上方增加箱体（图8-37，图8-38）。

7. **割蜜**　根据蜜源情况和历年积累的经验，从上部观察蜂蜜的多寡，每年割蜜2~3次，每次只割取支撑木条之上的蜂蜜，每群年产蜜量5~25千克（图8-39~图8-41）。

8. **更新蜂巢**　前期割除蜂桶下部巢脾，后期割取上部蜂蜜。

图 8-37　桶养中蜂加继箱 (1)

图 8-38　桶养中蜂加继箱 (2)

图 8-39　驱赶蜜蜂

图 8-40　割取蜂蜜

图 8-41　结合压榨，分离蜂蜜

三、木板箱养中蜂

无框蜂箱巢脾结在箱顶，从侧面看蜜蜂。窑中养蜂（图 8-42）与此类似。

（一）蜂具

1. **蜂箱**　由 6 块木板合围而成，其中一个侧面是活动的，作打开蜂箱检查、管理蜂群使用。蜂箱左右内宽 66 厘米，前后深 40 厘米（如果群势大，则增加到 45~48 厘米），内高 33 厘米。蜂箱用木架支高 40 厘米左右，箱上部用草苫做成斜坡状，以遮蔽雨水和阳光，在夏季用浸水布片置于箱上用来降温。蜂箱活动箱板下沿开有巢门，此外，在夏季，活动板左右和上部都有缝隙，蜜蜂可以进出（图 8-43）。

2. **击胡蜂板**　一节长约 70 厘米的竹子，劈开四瓣（即 1/4），其中柄长约 40 厘米、宽 2.8 厘米，丝端长 30 厘米、宽 6 厘米，用竹刀将丝端分出 35~40 根丝，用于击落来袭胡蜂（图 8-44）。

3. **捕蜂网**　捕蜂网顶端采用一个高 23 厘米、下口直径 23 厘米的圆（即半球）形竹（荆）笼（壳），用泥涂抹竹笼缝隙，下沿缝上塑料纱网，使用前在内壁涂上蜂蜜。

（二）管理

1. **蜂场**　选择僻静、伴有溪流、冬暖夏凉的地方放置蜂群，将蜂箱置于支架上，夏季时上覆草苫遮阳（图 8-45）。

2. **检查蜂群**　打开活动箱板，蜂包着脾、巢脾发白、蜜蜂造脾属于正常，巢脾发黄、蜂群不旺是有问题，需做出判断，及时处理（图 8-46）。

分蜂季节，用烟驱赶蜜蜂，露出巢脾下缘，查看巢脾下部是否产生分蜂王台，如需分蜂，留下 1 个王台，预测分蜂时间，等待

图 8-42　饲养在墙壁中的中蜂

图 8-43　无框板箱养殖中蜂

图 8-44　击胡蜂板

图 8-45　散放于朝阳山坡的蜂群

时机搜捕分蜂；如果不分蜂，就除掉王台。同时，清扫箱底垃圾（图 8-47）。

图 8-46　开箱检查、喂蜂和预防病害

图 8-47　打开侧板检查

检查完毕，堵上侧板，恢复原状，做好记录。

3. **蜂群繁殖**　繁殖时间河南在立春前后，此时使用泥巴糊严缝隙，箱上用草苫盖着。

割除所有空脾巢房，饲料不足时少量饲喂糖浆。

4. **造脾**　每年割蜜留下 4 张蜜脾，作为第二年蜜蜂造脾发展群势的基础，并在次年采蜜时割除。如果蜂群生病，就全部割除巢脾，喂蜜（或糖浆）让蜜蜂重新营造新巢。每年更新巢脾。

蜂王产卵即可造脾。

5. **良种选育**　每年从 10 千米外其他蜂场购买群势最大产量最高的蜜蜂 2 群及以上，以此培育雄蜂，控制本场雄蜂出生，引导种用雄蜂与本场处女蜂王交配。

6. **蜜蜂饲料**　割蜜时间多在农历 10 月初十前后，保留一角（蜂巢）够蜂越冬食用，即冬季饲料留 4 个脾，每脾高 23 厘米、宽 23 厘米，多余的割除。正月检查，如果缺食，就取一块蜜脾放置蜂团下方补食，并让蜜蜂能接触到。

7. **供应饮水**　夏季，在蜂箱上方设水管，每个蜂箱接塑料滴管一个，从缝隙插入蜂箱，控制水的流量，使水滴滴落在箱底空闲处铺的棉布上，保持棉布湿润而不流水。

8. **人工分群（养王）**　用锤子敲击蜂箱一侧，促使蜜蜂聚集到另一端，然后割取巢脾，在巢脾底部插入竹丝一根，靠近箱侧或后箱壁的顶端，将其吊绑在箱顶上，并从箱外孔隙横向插入两个竹片且穿过巢脾；然后将有封口王台的巢脾带王台割下一小块，固定在横向插入的两个竹片上，与原焊接在箱顶上的巢脾间隔 8~10 毫米，再用 V 形纸筒将蜂舀入 3 筒即可；最后搬走原群，将新分群（安装王台群）放在原群位置。原群蜜蜂约 10 天后又发展起来；安装王台蜂群，新王产卵即成一群。

9. **收捕分蜂**　无框养蜂，自然分蜂季节，如果当天发现王台封口，次日王台端部就会变黄，天气正常就要发生分蜂，或在王台封口第 3 天分蜂；如果天气不好，蜜蜂就在天气转晴、温度 18℃以上分蜂。

图 8-48　收捕分蜂

在此期间，养蜂员要住在蜂场盯住，如果发生蜜蜂一个紧随一个地从巢门往外涌出，即表明分蜂开始。收蜂时，将网套在分蜂群活动箱板（巢门）一侧，顶端挂在一个立柱上，约 2 分钟，分出的蜜蜂被套在网中，撤回套在蜂箱上的捕蜂网，稍停 30 分钟，蜜蜂便聚集在竹笼内（图 8-48）。然后准备一个蜂箱，靠近后箱壁或左右箱壁，将一个小巢脾用铁丝吊在箱顶之上，再将收回的蜜蜂放入箱中。引进蜜蜂时，先将纱网反卷，暴露出蜂团，将竹笼倒置于蜂箱中，盖好箱板，蜜蜂就会自动上脾造脾，蜜蜂造脾走向与事先固定的巢脾相同，因此，无框蜂箱的巢脾走向、大小是可以控制的。

10. **蜂病防治**　采取过氧乙酸加入小敞口瓶中，上用纱网封闭（防止蜜蜂跌落其中）熏蒸，预防囊状幼虫病。

（三）生产

每年 9~10 月割蜜一次，将蜜脾从蜂箱中割下来，并将蜂蜜带巢一起销售。生产的是山蜂糖，也叫毛蜂糖（图 8-49）。在河南省南召县伏牛山区，每年每箱平均生产蜂蜜 20 千克左右，高产者可达到 35 千克。

图 8-49　割蜜（山蜂糖）
（刘宏成　摄）

第三节 中蜂过箱

将无框饲养的蜂群转移到有框蜂箱内，或将蜂群转移到指定蜂箱中的过程（操作），都叫蜂群过箱。

一、过箱

（一）向有框箱转移

1. 准备

（1）工具：蜂箱、巢框、刀子（割蜜刀）和垫板、塑料容器、面盆、绳索、塑料瓶、桌子（或案板）、防护衣帽、香或艾草绳索，以及梯子等。

（2）时间选择：应在蜜源开花时期、蜂群能够正常泌蜡造脾、气温在16℃以上的晴暖天气进行。

（3）蜂群要求：过箱蜂群健康，子脾正常，一般应有3~4框足蜂及以上。3框以下的弱群，生存力差，应待群势壮大后再过箱。

将待过箱蜂群搬离原位，放到合适位置，并把新箱放置原位（图8-50，图8-51）。

图8-50 将过箱蜂移到合适位置　　图8-51 将新箱搬到原位，放入绑好的巢脾，并将蜜蜂移入

2. 操作

（1）驱赶蜜蜂：使用木棍敲击蜂桶，蜂桶中的蜜蜂受到震动就会离脾，跑到桶的另一端空处结团；或用烟熏直接驱赶蜂进入收蜂笼中。

裸露蜂巢，使用羽毛或青草轻轻拨弄蜜蜂，露出边缘巢脾。

对于木板箱中蜜蜂，先将蜜蜂赶到一侧，待割脾后，再赶到无脾处，割剩下的巢脾。

活框蜜蜂，提脾抖蜂到原蜂箱将绑好脾的巢框移到新箱中，然后提出原箱巢脾，把蜜蜂抖入新箱中，再处理无蜂脾。

驱赶蜜蜂，认真查看，若发现蜂王，务必将其装入笼中加以保护，并置于新箱中招引蜂群。

（2）割脾：右手握刀沿巢脾基部切割，左手托住，取下巢脾置于木板上进行裁切（图8-52）。

（3）裁切：用1个没有础线的巢框作模具，放在巢脾上，按照"去老脾留新脾、去空脾留子脾、去雄蜂脾留粉蜜脾"的原则进行切割，把巢脾切成稍小于巢框内径、基部平直且能贴紧巢框上梁的形状（图8-53，图8-54）。

注意，将多数蜂蜜切下另外贮存，留下少量够蜜蜂3~5天食用，以便减轻重量将巢脾固定在框架上。

（4）镶装巢脾：将穿好铁丝的巢框从上向下套装已切割好的巢脾（较小的子脾可以2块拼接成1框），巢脾上端紧贴上梁，顺着框线，用小刀划痕，深度以接近房底为准，再用小刀把铁丝压入房底（图8-55~图8-58）。

（5）捆绑巢脾：在巢脾两面近边条1/3的部位用竹片将巢脾夹住，捆扎竹片，使巢脾竖起；再将镶好的巢脾用弧形塑

图8-52　取出巢脾，将蜜蜂赶（抖）进新箱后再平放在垫板上

图8-53　套上无线巢框裁脾

图8-54　裁好的巢脾

图8-55　套上有线巢框

料片从下面托住，用棉纱线穿过塑料片把它吊绑在框梁上。其余巢脾，依次切割捆绑（图8-59）。

图8-56　沿框线划痕至房底

图8-57　将框线压入痕沟至房底

图8-58　扶正巢脾

图8-59　绑脾

弧形塑料片可用废弃饮料瓶加工。

（6）恢复蜂巢：将捆绑好的巢脾立刻放进蜂箱内，子脾大的放中间，拼接的和较小的子脾依次放两侧，蜜粉脾放在最外边，巢脾间保持6~8毫米的蜂路，各巢脾再用钉子或黄胶泥固定。

（7）驱蜂进箱：用铜版纸卷成V形的纸筒，将聚集在一旁的蜜蜂舀进蜂箱，倒在框梁上（注意，要把蜂王收入蜂箱）。然后，将蜂箱支高置于原蜂群位置，巢门口对外，离开1~2小时，让箱外的蜜蜂归巢（图8-60）。

（8）循环作业：如果大量蜂群过箱，

图8-60　恢复蜂巢

可按上述方法绑定巢脾，放入蜂箱，置于待过箱蜂群位置，将待过箱蜜蜂驱赶进新箱中，留下原巢巢脾，再割下捆绑，循环作业。

（二）活框蜂向活框箱转移

不同巢框大小，按照上述操作进行，绑定巢脾，放入蜂箱，置于等待过箱蜂群位置，将待过箱蜜蜂直接抖进新箱，留下原巢巢脾，再割下捆绑，给下群过箱。

（三）活框蜂向格子箱转移

1.裁切巢脾　保留卵房、花粉的新脾，蜂少裁成巴掌大小 3~4 块，蜂多可大一些，以蜂包脾形成球状为准。

2.固定巢脾　将切好的巢脾穿插在箱内竹签上固定，并靠箱壁均匀排列（图 8-61）。

3.蜂王挂在边脾

将蜂王挂在边脾，吸引蜜蜂。

4.引蜂　用一张铜版纸（广告纸）卷成 V 形纸筒，舀蜂堆放脾上，盖上箱盖，剩余蜜蜂抖落地上自行进巢。

图 8-61　有框蜂过箱无框蜂
（引自《养蜂之家》）

也可将固定好巢脾的格子箱圈置于活框箱上，所余缝隙用纸板堵住，敲击下面箱体，驱赶蜜蜂往上爬入。抖蜂进箱，更为便捷。

如果蜂王丢失，则有蜜蜂扇风招王活动，需及时导入带台小脾。

5.处理蜂不进箱　主要原因是木箱味太浓，可涂抹蜜渣消除。过箱或收蜂时，先把少量蜜蜂放到脾上，其他蜜蜂随着上去。

务必将蜂王收入蜂箱。

二、临时管理

过箱次日观察工蜂活动，如果积极采集和清除蜡屑，并携带花粉团回巢，就表示蜂群已恢复正常。反之应开箱调查原因进行纠正。

3~4 天后，除去捆绑绳索，整顿蜂巢，傍晚饲喂，促进蜂群造脾和繁殖。

一周后巢脾加固结实，即可运输至目的地（图 8-62），一月后蜂群得到发展（图 8-63，图 8-64）。

图 8-62　一周后转移蜂群至目的地

图 8- 63　一月后检查蜂群

图 8-64　子脾发展情况

三、注意事项

（1）中蜂过箱，一般选择外界蜜源丰富、蜜蜂繁殖时期，选择具有一定的群势大小和子脾数量的蜂群。猎获野蜂群的时间宜在自然分蜂季节进行，以便留下部分蜂巢、蜜蜂和王台，作为再次猎获或野生蜜蜂延续种族的种子。

（2）2~3 人协作，动作准确轻快，割脾裁剪规范，捆绑牢固平整，尽量减少操作时间。

（3）蜜蜂移居蜂箱，尽量保留子脾，蜜蜂包住巢脾；还须食物充足，缺少蜂蜜时，当天喂糖浆 100 克左右，以在午夜之前搬完为宜。

（4）忌阳光暴晒，忌震动蜜蜂。勤观察，少开箱，及时处理蜂群逃跑问题。

第九章
蜜蜂病害防治

第一节　蜜蜂的疾病概况

蜜蜂受微生物、毒物或天敌的为害，以及食物或天气等影响，造成个体死亡、群势下降，蜂群丧失生产能力直至群体消失。

一、蜜蜂疾病类型与特点

蜜蜂疾病通常分为病害、天敌和毒害三种。

（一）蜜蜂病害

1.蜂病的类型　蜂病由微生物、营养与天气等引起，被前者感染的会传染，由后者造成的不传染（表9-1）。

表9-1　蜜蜂主要病害一览表

病原分类		蜂病名称	发病时期	是否有传染性
微生物	细菌	美洲幼虫腐臭病	幼虫	有
		欧洲幼虫腐臭病	幼虫	有
		副伤寒病	成虫	有
		败血病	成虫	有
	真菌	白垩病	幼虫	有

（续表）

病原分类		蜂病名称	发病时期	是否有传染性
微生物	真菌	黄曲霉病	幼虫	有
		蜂王卵巢黑变病	成虫	有
	病毒	中蜂囊状幼虫病	幼虫	有
		蜂蛹病	蛹期	有
		麻痹病	成虫	有
		埃及蜜蜂病毒病	成虫	有
		云翅病毒病	成虫	有
原生动物		蜜蜂螺原体病	成虫	有
		蜜蜂孢子虫病	成虫	有
		蜜蜂阿米巴病	成虫	有
环境、气候		卷翅病	成虫	无
		热伤	卵、虫、蛹、蜂	无
		冻伤	幼虫	无
遗传缺陷		僵死幼虫	幼虫	无
		卵干枯病	卵期	无
		佝偻病	成虫	无
营养不良		拖虫、蛹	卵、虫、蛹、蜂	无

2. 蜂病的表现

（1）集体症状：群势下降，失去生产能力，直到死亡。

（2）个体表现：行为失常，器官畸形，颜色灰暗，体质衰弱，寿命缩短，最终死亡。例如，蜜蜂腹部膨胀、爬行、追击人畜、幼虫变色变形腐烂、翅膀残废、散发臭（酸、腥）气、露头蜂蛹、"花子"和"穿孔"等。

3. 蜂病的传播

（1）群内感染：在一群蜂中，病原微生物通过蜜蜂取食、喂养和接触感染，形成水平传播；通过蜂王直接传给子代。

（2）群间传播：在蜂群之间，蜜蜂迷巢、偷盗或管理（人）传播。

（3）场间流行：大面积传播，由转地放蜂和交换蜂王造成。

（二）蜜蜂的天敌

1. **天敌的类型**　寄生性天敌吸食蜜蜂体液、能传播，捕食性天敌取食蜜蜂器官、不传播，介于两者之间、获取蜂蜜和花粉、损坏蜂巢的天敌，它们都严重干扰蜂群的正常生活（表9-2）。

表9-2 蜜蜂主要敌害一览表

敌害分类	敌害名称	为害对象	是否有传染性
寄生性	狄斯瓦螨	虫、蛹、蜂	有
	亮热厉螨	虫、蛹	有
	武氏蜂盾螨	蜂	有
	桉花螨	蜂	无
	蜂麻蝇	蜂	无
	驼背蝇	幼虫	无
	圆头蝇	蜂	无
	蜂虱子	蜂（王）、巢脾	无
捕食性	胡蜂	蜂	无
	蟾蜍	蜂	无
	蜂虎	蜂	无
	蜘蛛	蜂	无
	黄喉貂	蜂巢	无
	老鼠	蜂、巢脾	无
	壁虎	蜂	无
	大山雀	蜂	无
其他	蜜獾	蜂群	无
	蜡螟	蛹、巢脾	无
	狗熊	蜂群	无
	黄喉貂	蜂巢	无
	蚂蚁	蜂巢	无
	天蛾	蜂粮	无
	金龟甲	蜂粮	无
	蜂箱小甲虫	卵、幼虫、蜂粮	无
	青鼬	蜂群	无
	蜂狼	蜂群	无

2. 敌害的表现

（1）捕食性天敌：吞食蜜蜂个体、吸食蜜蜂体液、掠夺食物、偷袭蜂巢，多数为一次性伤害，来得快，消失快，但伤害往往较严重，譬如，胡蜂、狗熊等都可以促使蜂群逃跑或灭亡。

（2）寄生性天敌：蜂螨吸食蜜蜂体液，具有传染性、反复性，造成蜜蜂疲惫不堪，群势衰弱，逐渐丧失生活能力。

3. 蜂螨的传播 通过蜂群购买、群间调脾、蜜蜂采集等活动传播。

（三）毒害

1. 毒害的分类 蜜蜂受到毒物侵染造成体内组织和生理功能受到破坏，或者无法消化饮食中某些物质而产生病态。因此，蜜蜂毒害可以分为食物、化学物质和环境污染三类（表9-3）。

表9-3 蜜蜂主要毒害一览表

毒害分类	毒物来源		名称	毒害对象
食物	植物	蜜、粉某些成分过量	油茶	整个蜂群
			茶树	
			枣树	
		蜜、粉含有有毒成分	苦皮藤	
			博落回	
			白头翁	
			曼陀罗	
			羊踯躅	
			狼毒	
			喜树	
			乌头	
			藜芦	
		基因变异	抗虫棉	
		甘露	马尾松、槿麻、山楂、锦葵	
	昆虫	（蜜露）蚜虫、介壳虫	黄栌、玉米、苹果、乌桕、柳树（蜜露植物）	
化学物质	农药			
	兽药（含蜂药）			
	激素			
	除草剂			
环境污染	大气			
	饮水			
	霾和黄风			

2. 毒害的表现

（1）突然：花上施药，发病突然，为害性大，强群尤重；由除草剂、食物和环境造成的，能使蜜蜂个体寿命缩短，群势衰弱，慢慢死亡。

（2）行为失常：蜜蜂停止工作，工蜂追蜇人畜，死亡遍地，幼虫滚出巢房。

（3）无药可治：只有清除有毒食物、转移场地，或者毒物消失，才能遏制毒害蔓延。

二、蜜蜂疾病预防与措施

（一）蜂病预防

1.**抗病育种**　在生产过程中，长期坚持选择抗病力、繁殖力和生产力好的蜂群来培育雄蜂和蜂王。据报道已通过抗病育种获得抗囊状幼虫病的中蜂和抗蜂螨的意蜂。

2.**环境优良**　放蜂场地干燥通风、僻静、冬暖夏凉，环境卫生，坚持供给蜜蜂清洁饮水。

3.**饲养强群**　强群蜂多，繁殖力、生产力和抗病力强。认真选择场地，蜜源面积符合蜂群密度，保持蜂脾相称或蜂多于脾，每年及早更新蜂王，常年保持蜂足、食足，积极造脾，按时防治蜂螨，多箱体饲养、成熟蜜生产（图9-1）。

图9-1　多箱养蜂，减少很多蜜蜂疾病

4.**注意卫生**　严格控制蜂群间的蜂、子调换，防止人为传播。交换（移虫培养、购买）蜂王不得带入病源，更新蜂王以防止过度近亲繁殖。

5.**重视消毒**　利用清扫、洗刷和刮除等减少病原物在蜂箱、蜂具和蜂场内的存在，通过暴晒或火焰烧烤消灭蜂具上的微生物。化学消毒使用最广，常用于场地、蜂箱、巢脾等位置。在生产实践中，人们交换蜂胶，用75%的酒精浸泡后喷洒蜂巢、蜂具，对爬蜂病、白垩病有一定的消杀作用。常用消毒剂使用浓度和特点见表9-4。

表9-4 常用消毒剂使用浓度和特点

消毒剂	使用浓度	消杀对象及特点
乙醇（C_2H_5OH）	70%~75%	花粉、工具。喷雾或擦拭，喷洒后密闭12小时
生石灰（CaO）	10%~20%	病毒、真菌、细菌、芽孢。蜂具浸泡消毒。悬浮液须现配，用于洒、刷地面、墙壁；石灰粉撒场地
喷雾灵（2.5%聚维酮碘溶液）	500倍液	杀灭病毒、霉形体、真菌、衣原体、细菌及芽孢。喷雾、冲洗、擦拭、浸泡，作用时间≥10分钟；5 000倍作饮水消毒
过氧乙酸	0.05%~0.5%	蜂具消毒，1分钟可杀死芽孢
冰乙酸（CH_3COOH）	80%~98%	蜂螨、孢子虫、阿米巴、蜡螟的幼虫和卵。每箱体用10~20毫升。以布条为载体，挂于每个继箱，密闭24小时，气温≤18℃，熏蒸3~5天
硫黄（燃烧产SO_2）	3~5克/箱	蜂螨、蜡螟、真菌。用于花粉、巢脾的熏蒸消毒

注：除硫黄外，其他均为水溶液。针对疫情使用消毒剂。浸泡和洗涤的物品，用清水冲洗后再用；熏蒸的物品，须置空气中72小时后才可使用。

（二）药物治疗

1.**治疗原则** 把发病群和可疑病群送到不易传播、消毒处理方便的地方隔离治疗，有病群用的蜂具和产品未经消毒处理不得带回健康蜂场。如果是恶性或国内首次发现的传染病，或已失去经济价值的带菌（毒）群，都应就地焚烧处理。对被隔离的蜂群，治愈后2个月内，没有病蜂症状，才可运回。

2.**选用药物** 做出诊断，确定病原，对症用药（图9-2）。一般对细菌病，常选用盐酸土霉素可溶性粉、红霉素和诺氟沙星等药物；对真菌病，则选用制霉菌素、二性霉素B和食醋等；对病毒病，通常用吗啉胍、盐酸金刚烷胺粉（13%）、肽丁胺粉（4%）和抗毒类中草药糖浆等；对蜂螨类，可选用氟氯苯氰菊酯条、甲酸乙醇溶液、双甲脒条、氟胺氰菊酯条等。

3.**注意事项** 交替用药，防止病原产生抗性。按说明或经验配制、使用药剂。关键时机用药。不用违禁药品，严格遵守休药期，防止污染产品。慎重用药，防止药害。

图9-2 选用高效、低毒蜂药

第二节 蜜蜂病害的治疗

一、蜜蜂营养病

因缺饲料或缺营养造成，蜜蜂饲料包括蜜蜂、花粉、蜂乳和水等。

（一）病因诊断

1.病因　在蜜蜂饲料中，糖类、脂类、蛋白质、维生素、微量元素等缺乏或过多，都会引起蜜蜂因营养代谢紊乱而发病。

2.诊断

（1）缺少食物：影响繁殖与健康。幼虫干瘪，被工蜂抛弃；幼龄蜂体质差、个体小、寿命短，并伴随卷翅等畸形，在地面无规律爬行；成年蜜蜂早衰、命短；蜂群生产能力降低，蜂王产卵量下降或停止繁殖（图9-3）。

图9-3　拖虫
（引自 David L. Green, 2002）

（2）没有蜂蜜：会饿死（图9-4）。

（3）饲料不良：导致蜜蜂下痢（拉稀），蜜蜂体色深暗，腹部膨大，行动迟缓，飞行困难，并在蜂场及其周围排泄黄褐色、有恶臭气味的稀薄粪便，为了排泄，常在寒冷天气爬出箱外，冻死在巢门前。

图9-4　没有蜂蜜食物，蜂王也会饿死

（二）综合防治

1.预防　选择蜜源丰富的地方放蜂（图9-5），平时保持蜂群有充足的蜂蜜食物，在蜜蜂活动季节，须根据蜂数、饲料等具体情况来繁殖蜂群，保持巢温稳定；在天气恶劣或蜜源缺乏时期，应暂停蜂王浆、雄蜂蛹等营养消耗大的生

图9-5　蜜源是保障蜂群生活的基本要素

产活动；蜂群越冬，提前喂足蜜糖饲料。越冬饲料、早春繁殖蜂群，不宜使用果葡糖浆及花粉代用品。

2. 挽救措施 蜜蜂活动季节，把蜂群及时运到蜜源丰富的地方放养，或者补充饲料。

3. 蜂群处理 抽出多余巢脾，抛弃发育不良子脾。清除箱内杂物。

二、幼虫腐臭病

蜜蜂幼虫细菌病，中蜂、意蜂都有发生，以意蜂较严重。

（一）病原诊断

1. 美洲幼虫腐臭病

（1）病原：由幼虫芽孢杆菌引起，多感染意蜂。

（2）诊断：烂虫有腥臭味，有黏性，可拉出长丝。死蛹吻前伸，如舌状。封盖子色暗，房盖下陷或有穿孔。

2. 欧洲幼虫腐臭病

（1）病原：由蜂房球菌引起，多感染中蜂。

（2）诊断：脾面"花子"，幼虫移位、扭曲或腐烂于巢房底部。体色由珍珠白变为淡黄色、黄色、浅褐色，直至黑褐色。幼虫腐烂，有酸臭味，稍具黏性，但拉不成丝，易清除（图9-6，图9-7）。

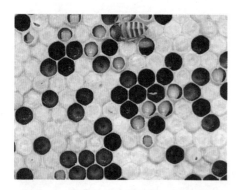

图9-6　患病幼虫变色变形，等待清理

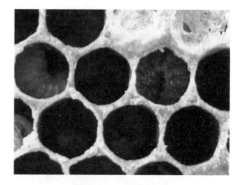

图9-7　死亡幼虫

（二）综合防治

1. 预防 饲养强群，蜂群置于干燥通风、每天有阳光照射的地方。抗病育种，更换蜂王；保持食物充足、蜂多于脾（图9-8）。

图9-8　群强脾新蜂旺食足，抗病力强

2.治疗　蜂场初始发病，焚烧患病蜂群，彻底消毒场地、蜂具。

（1）每10框蜂用红霉素0.05克，加250毫升50%的糖水喂蜂，或250毫升25%的糖水喷脾，每2天喷1次，5~7次为一个疗程。

（2）用盐酸土霉素可溶性粉200毫克（按有效成分计），加1：1的糖水250毫升喂蜂，每4~5天喂1次，连喂3次，采蜜之前6周停止给药。

上述药物要随配随用，防止失效。研碎后加入花粉中，做成饼喂蜂也有效。

用青链霉素80万单位防治一群，加入20%的糖水中喷脾，隔3天喷1次，连治2次。青霉素和链霉素联用能治疗大多数细菌病。

三、幼虫囊状病

蜜蜂幼虫病毒病，中蜂、意蜂都有发生，以中蜂最严重。

（一）病原诊断

1.病原　由蜜蜂囊状幼虫病毒引起。

2.诊断　蜂群发病初期，子脾呈"花子"症状；当病害严重时，患的蜂在大幼虫期或前蛹期死亡，巢房被咬开，呈"尖头"状；幼虫头部有大量的透明液体聚积，用镊子小心夹住幼虫头部将其提出，幼虫呈囊袋状。死虫逐渐由乳白色变至褐色，当虫体水分蒸发，会干成一黑褐色的鳞片，头尾部略上翘，形如"龙船"；死虫不具黏性，无臭味，易清除（图9-9）。成年蜜蜂被病毒感染后，寿命缩短。

图9-9　囊状幼虫病症状

（二）综合防治

1.预防

（1）抗病育种：选抗病群（如无病群）作父、母群，连续选育蜂王，可获得抗囊状幼虫病的蜂群。

（2）加强管理：保持蜂多于脾（图9-10）、蜂蜜充足，及时更新巢脾；将蜂群置于环境干燥、通风、向阳和僻静处饲养，蜂箱前低后高，少惊扰。

（3）更换蜂王：早养王，早换王。

（4）防止人为传播：杜绝可能带来疾病的人或物进入健康蜂场。

2. 治疗 蜂场初始发病，焚烧患病蜂群（图9-11），彻底消毒场地、蜂具。治疗过程重新建巢（图9-12），条件允许更新蜂王，再用下述药物进行治疗。

图9-10 蜂包着脾
（李长根 摄）

图9-11 焚毁蜂巢，扑灭处理

图9-12 自然生存法则——代谢轮回

（1）中药：半枝莲50克，或华千金藤10克，经过文火煎熬榨汁，配成浓糖浆饲喂，1群蜜蜂（10框），饲喂量以当天夜晚12时以前吃完为度，连续多次。

（2）西药：13%盐酸金刚烷胺粉2克（或片0.2克），加25%的糖水1 000毫升喷脾，每2天喷1次，连用5~7次。

用山楂水配制药物糖浆，加少量蜂王浆，增强蜜蜂体质。

四、幼虫白垩病

西方蜜蜂幼虫真菌病害，蜂群发病与低温寒冷、箱内潮湿关系较大。

（一）病原诊断

1. 病原 大孢球囊霉和蜜蜂球囊霉。

2. 诊断 在箱底或巢脾上见到长有白色菌丝（图9-13）或黑白两色的幼虫尸，

箱外观察可见巢门前堆积像石灰子样的或白或黑的虫尸（图9-14），则确诊。雄蜂幼虫比工蜂幼虫更易受到感染。

（二）综合防治

图9-13　死亡蜜蜂幼虫躺房底，变色变形

图9-14　干燥的幼虫蜂尸

1. 预防　春季在向阳温暖和干燥的地方摆放蜂群，保持蜂箱内上、下透气。防治蜂螨。不饲喂带菌的花粉，外来花粉应消毒后再用。

2. 治疗　焚烧病脾，防止传播。

（1）每10框蜂用制霉菌素200毫克，加入250毫升50%的糖水中饲喂，每3天喂1次，连喂5次；或用制霉菌素（1片/10框）碾粉掺入花粉饲喂病群，连续7天。

（2）用喷雾灵（25%聚维酮碘）稀释500倍液，喷洒病脾和蜂巢，每2天喷1次，连喷3次。空脾用该溶液浸泡0.5小时。

有时候转移蜂场，白垩病会不治而愈。

五、蜜蜂螺原体病

西方蜜蜂原生动物成年蜂病，我国南方在4~5月为发病高峰期，东北一带6~7月为发病高峰期。

（一）病原诊断

1. 病原　蜜蜂螺原体，是一种螺旋形、能扭曲和旋转运动、无细胞壁的原核生物。

2. 诊断　病蜂腹部膨大，行动迟缓、爬行，不能飞翔。病蜂中肠变白、肿胀，环纹消失，后肠积满绿色水样粪便。

蜜蜂螺原体与孢子虫、麻痹病病毒等混合感染蜜蜂时，病情严重，爬蜂死蜂遍地，群势锐减。

在1 500倍显微镜暗视野下检查，见到晃动的小亮点，并拖有1条丝状体，做原地旋转或摇动，即可确诊。

（二）综合防治

1. 预防 培育健康的越冬蜂（图9-15），留足优质饲料，给蜂群选择干燥向阳的场所越冬。对撤换下来的箱、脾等蜂具及时消毒。

2. 治疗 每10框蜂用红霉素0.05克，加入250毫升50%的糖水中喂蜂，或将药物加入25%的糖水喷脾，每2天喂（喷）1次，5~7次为1个疗程。

六、蜜蜂孢子虫病

西方蜜蜂原生动物成年蜂病，冬、春发病率高，蜜蜂寿命缩短，影响春繁、越冬。

（一）病原诊断

1. 病原 蜜蜂微孢子虫和东方蜜蜂微孢子虫（图9-16）。

2. 诊断 病蜂行动迟缓、腹部膨大、拉伸，腹部末端呈暗黑色。当外界连续阴雨潮湿时，常有下痢症状。用拇指和食指捏住成年蜂腹部末端，拉出中肠，患病蜜蜂的中肠颜色变白、环纹消失，无弹性、易破裂。

图9-15 健康的子脾

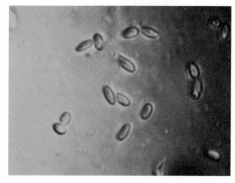

图9-16 蜜蜂微孢子虫
（周婷 摄）

（二）综合防治

1. 预防 用冰醋酸、福尔马林加高锰酸钾熏蒸消毒蜂箱、巢脾等蜂具。优质白糖喂蜂，适当添加山楂汁或柠檬酸（0.1%），不用代用饲料，场地通风，采取措施促进蜜蜂排泄。

2. 治疗

（1）喂酸饲料：在每升糖浆中加入1克柠檬酸或4毫升食醋，每10框蜂每次喂250毫升，2~3天喂1次，连喂4~5次，可抑制微孢子虫的侵入与增殖。

（2）西药：用烟曲霉素加入糖浆（25毫克/升）中喂蜂治疗。

七、蜜蜂麻痹病

西方蜜蜂成年蜂病毒病，有急性和慢性麻痹病两种，多发生在春、秋两季，为害西方蜜蜂。

（一）病原诊断

1.**病原**　蜜蜂急性和慢性麻痹病病毒。

2.**诊断**　患急性麻痹病的蜜蜂死前颤抖，并伴有腹部膨大症状。

患慢性麻痹病的蜜蜂，一种为大肚型，病蜂双翅颤抖，腹部因蜜囊充满液体而肿胀，双翅展开，不能飞翔，在蜂箱周围或草上爬行，有时许多病蜂在箱内或箱外聚集；一种为黑蜂型，病蜂体表绒毛脱落，腹部末节油黑发亮，个体略小于健康蜂，颤抖，不能飞翔，常被健康蜜蜂驱赶（图9-17，图9-18）。

图9-17　被驱赶和病死的蜜蜂
（赵学昭　摄）

图9-18　蜜蜂麻痹病病蜂

（二）综合防治

1.**预防**　蜂螨是麻痹病毒携带者之一，防治蜂螨可减少传播。选育抗病品种，每年提早更换蜂王。加强饲养管理，春季选择向阳高燥地方，夏季选择半阴凉通风场所放蜂群，及时清除病蜂、死蜂。

2.**治疗**　用升华硫4~5克/群，撒在蜂路、巢框上梁、箱底，每周1~2次，用来驱杀病蜂。4%酞丁胺粉12克，加50%糖水1升，每10框蜂每次250毫升，洒向巢脾喂蜂，2天1次，连喂5次，采蜜期停用。

第三节　蜜蜂敌害的控制

蜜蜂敌害包括食蜜蜂和吮吸蜜蜂体液的所有可见动物，既有寄生性敌害，也有捕食性天敌。

一、寄生性敌害

（一）大蜂螨

图9-19　大蜂螨腹面

大蜂螨是西方蜜蜂的主要寄生性敌害，一生经过卵、若螨和成螨（图9-19）三个阶段，在8~9月为害最严重。

1.**习性**　大蜂螨成螨寄生在成年蜜蜂体上，靠吸食蜜蜂的血淋巴生活；卵和若螨寄生在蜂子房中，以蜜蜂虫和蛹的体液作为营养生长发育。

2.**为害诊断**　成年蜜蜂被寄生后，烦躁不安，体质衰弱，寿命缩短；幼虫受害，有些在蛹期死亡，即白头蛹症状（图9-20），或羽化出翅残蜂，失去飞翔能力，四处乱爬。受害蜂群，繁殖和生产能力下降，群势迅速衰弱，直至全群灭亡（图9-21）。

在蜂体上或巢房中，发现芝麻粒大小、横椭圆形、指甲盖样、棕红色移动物体，即是大蜂螨成虫。

图9-20　蜂螨为害形成的白头蛹

3.**综合防治**

（1）预防：选育抗螨蜂种（图9-22），及时更新蜂王。积极造脾，更新蜂巢。

（2）治疗：防治蜂螨有断子期用药和繁殖期治疗两种不同的时机。

1）断子期药物防治大蜂螨。时间选择

图9-21　封盖子脾上寄生的蜂螨

早春无封盖子前、秋末断子后，或结合育王断子和秋繁断子进行，一天当中，白天施药，下午 5 时以前结束。常用的药剂有杀螨剂 1 号、绝螨精、双甲脒等（图9-23），按说明书用水稀释，置于手动喷雾器中或加热雾化器中喷雾防治。

施药方法一：手动喷雾器喷洒。将巢脾提出置于继箱后，先对巢箱底进行喷雾，使蜂体上布满雾滴，再取一张报纸，铺垫在箱底上，左手提出巢脾（抓中间），右手持喷雾器，距脾面 25 厘米左右，斜向蜜蜂喷射 3 下，喷过一面，再喷另一面，然后放入蜂巢，再喷下一脾，最后，盖上副盖、覆布、大盖。6 小时后，卷出报纸，检查治螨效果（图 9-24，图 9-25）。

有些蜂场，药液浓度较低，施药时多喷几下，达到蜜蜂全身湿透。

施药方法二：利用热力雾化器（酒精或丁烷气加热蛇形管，进而将通过的药液加热雾化）或超声波雾化器喷洒。根据说明书将药液和溶剂混合，置于药罐，前者加热经过蛇形管的药液，再手持雾化器，将喷头通过巢门或钉孔插入箱中，对着箱内空处，压动力系统的手柄 2~3 下，密闭10 分钟即可；后者直接接通电源，将雾化的药液喷入箱中。

施药方法三：草酸雾化器。电瓶供电加热，药液雾化，通过巢门导入蜂箱，关闭巢门 10 分钟左右。

2）繁殖期药物防治大蜂螨。蜂群繁殖期，卵、虫、蛹、成蜂四虫态俱全，既有寄生在成年蜜蜂体上的成年蜂螨，也有

图 9-22 蜂王是蜂群生命的载体

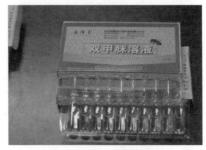

图 9-23 治螨药物

图 9-24 喷雾法防治蜂螨

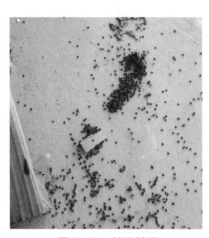

图 9-25 防治结果

寄生在巢房内的螨卵、若螨和成螨，要选择既能杀死巢房内的螨，又能杀死蜂体上螨的药物，或设法造成巢房内的螨与蜂体上的螨分离，分别防治。常用药剂有螨扑（如氟胺氰菊酯条、氟氯苯氰菊酯条）（图9-26）。使用前，都需要做药效试验。

图9-26　螨扑

施药方法一：用螨扑片。每群蜂用药2片，弱群1片，将药片固定在第二个蜂路巢脾中间，1周后再加1片，对角悬挂。使用的螨扑一定要有效，有些螨扑对幼蜂毒害大，注意爬蜂问题。

施药方法二：分巢轮治（蜂群轮流治螨）。将蜂群的蛹脾和幼虫脾带蜂提出，组成新群，导入王台；蜂王和卵脾留在原箱，待蜜蜂安定后，用杀螨剂喷雾治疗。新分群先治1次，待群内无子后再治2次。

有些药物防治蜂螨时，需要及时将落到箱底的螨搜集焚毁。

（二）小蜂螨

小蜂螨是西方蜜蜂的主要寄生性敌害，一生经过卵、若螨和成螨（图9-27）三个阶段。

1. 习性　小蜂螨主要生活在大幼虫房和蛹房中，很少在蜂体上寄生，在蜂体上只能存活2天；小蜂螨在巢脾上爬行迅速。在河南省，小蜂螨5~9月都能为害蜂群，8月底9月初最为严重，

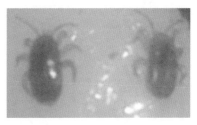

图9-27　成年怀卵小蜂螨

在生产上，6月防治；转地放蜂，4月、6月、8月都要防治。

2. 为害诊断　小蜂螨靠吸食幼虫和蛹的淋巴生活,造成幼虫和蛹大批死亡和腐烂，封盖子房有时还会出现小孔，致个别出房幼蜂翅膀残缺，体弱无力。

小蜂螨的为害比较隐蔽，常引起见子不见蜂的现象，其造成的损失往往超过大蜂螨。

在封盖子表面或巢房中，发现针尖大小、椭圆形状、棕红色、爬行迅速的物体，即是成年小蜂螨。

3. 综合治疗

（1）预防：选育抗螨蜂种，及时更新蜂王。积极造脾，更新蜂巢。

（2）治疗：转地蜂场；防治时间选在油菜或柑橘花期结束、荆条开花前期、繁殖越冬蜂前进行。在河南省和山西省定地养蜂，6月防治小蜂螨。

施药方法一：将杀螨剂和升华硫混合（升华硫 500 克 +10 毫升杀螨剂），可治疗 600~800 框蜂，用纱布包裹，抖落封盖子上的蜜蜂，使脾面斜向下，然后涂药于封盖子的表面（图 9-28，图 9-29）。

图 9-28　升华硫 + 杀螨剂　　　　图 9-29　防治小蜂螨

施药方法二：升华硫 500 克 +10 毫升杀螨剂 +4.5 千克水，充分搅拌，然后澄清，再搅匀。提出巢脾，抖落蜜蜂，脾面斜向下，用羊毛刷浸入上述药液，先刷向下的一面，反转后再刷另一面，避免药液漏入巢房内。

不给幼虫脾涂药，并防止药粉掉入幼虫房中。涂抹尽可能均匀、薄少，防止爬蜂等药害。

施药方法三：升化硫 500 克 +10 毫升杀螨剂，再加适量滑石粉和水，制成泥状。在隔王板上边选东、南、西、北、中 5 个点，分别放置泥状药物 5~10 克。

（三）蜡螟

蜡螟有大蜡螟和小蜡螟 2 种，为害蜜蜂的主要是前者。蜡螟为蛀食性昆虫，一生经过卵、幼虫、蛹和成虫四个阶段，在 5~9 月为害最严重（图 9-30）。

1. **习性**　大蜡螟一年发生 2~3 代，小蜡螟一年发生 3 代，它们白天隐匿，夜晚活动，于缝隙间产卵。

2. **为害诊断**　蜡螟以其幼虫（又称巢虫）蛀食巢脾、钻蛀隧道，为害蜜蜂幼虫和蛹，成行的蛹的封盖被工蜂啃去，造成"白头蛹"，影响蜂群的繁殖，严重者迫使蜂群逃亡。此外，蜡螟还破坏保存的巢脾，吐丝结茧，在巢脾上形成大量丝网，使被害的巢脾失去使用价值。

图 9-30　大蜡螟
a. 幼虫
b. 为害巢脾
c. 成虫
d. 为害子脾

在巢脾上或蜡渣中，小龄幼虫显灰白色，以后虫体呈圆柱形、浅黄色，背腹变成灰色到深灰色，老熟幼虫体长可达28毫米。雌蛾较大、灰黄色，体长20毫米左右，翅展30~35毫米；下唇须1对，水平向前延伸，使头前部成短喙状突出。

图9-31　巢脾分类

3. 防治

（1）预防：蜂箱严实无缝，不留底窗；摆放蜂箱要求前低后高，左右平衡；饲养强群，保持蜂多于脾或蜂与脾相称；筑造新脾，更换老脾。

（2）防治（贮存巢脾上的蜡螟）：先把巢脾分类、清理（图9-31），置于继箱，每箱10张，箱体相叠，再按每两个箱体一粒磷化铝（图9-32）用药，用纸片盛放，置于最上层继箱中间（图9-33），最后用塑料膜袋套封，密闭即可（图9-34），时间15天。

图9-32　磷化铝

1）磷化铝：主要用于熏蒸贮藏室中的巢脾，也用于巢蜜脾上蜡螟等害虫的防除，一次用药即可达到消灭害虫的目的。

2）磷化钙（散剂）：可来熏蒸巢虫，用法和效果与磷化铝相似。

图9-33　用药方法

3）注意事项：被害巢脾，化蜡处理。磷化铝或磷化钙与空气接触产生磷化氢，剧毒，用时注意安全。

二、捕食性天敌

捕食性天敌个体大，一般根据为害症状和天敌形态进行断定。

（一）胡蜂

胡蜂在我国南方各地，为夏秋季节蜜蜂

图9-34　套封

的主要敌害（图9-35，图9-36）。为害蜜蜂的主要是金环胡蜂、黑盾胡蜂和基胡蜂。

1.**习性**　胡蜂群体由蜂王、工蜂和雄蜂组成，杂食。单个蜂王越冬，翌年3月繁殖建群，8~9月为害猖獗。

2.**为害诊断**　中小体型的胡蜂，常在蜂箱前1~2米处盘旋，寻找机会，抓捕进出飞行的蜜蜂；体型大的胡蜂，除了在箱前飞行捕捉蜜蜂外，还能伺机扑向巢门直接咬杀蜜蜂（图9-37），若有胡蜂多只，还能攻进蜂巢中捕食，迫使中蜂弃巢逃跑。

3.**综合防治**　可利用胡蜂诱捕器诱捕；发现有胡蜂为害时，可用板扑打；摘除蜂场附近的胡蜂巢（图9-38）。

（二）老鼠

老鼠是蜜蜂越冬季节的重要敌害，为害蜜蜂的主要是家鼠和田鼠。

1.**习性**　哺乳动物，家鼠生活在人、畜房舍，盗吃食物，田鼠生活在农田，作巢地下。

2.**为害诊断**　在冬季，老鼠咬破箱体或从巢门钻入蜂箱，一方面取食蜂蜜、花粉，啃咬毁坏巢脾，并在箱中筑巢繁殖，使蜂群饲料短缺，同时啃啮蜜蜂头、胸，把蜜蜂腹部遗留箱底（图9-39）；另一方面是鼠的粪便和尿液的浓烈气味，使蜜蜂骚动不安，离开蜂团而死，严重影响蜂群越冬，同时也污染了蜂箱、蜂具。

在早春或冬季，箱前有头胸不全、足翅分离的碎蜂尸和蜡渣，即可断定是老鼠为害。

图9-35　胡蜂　　　　图9-36　胡蜂巢穴

图9-37　胡蜂为害

图9-38　摘除胡蜂巢
（赵学昭　摄）

图9-39　冬季鼠害

3.**综合防治** 把蜂箱巢门高做成7毫米,能有效地防鼠进箱。在鼠经常出没的地方放置鼠夹、鼠笼等器具逮鼠。市售毒鼠药有灭鼠优、杀鼠灵、杀鼠迷、敌鼠等,按说明书使用,注意安全。

(三)蟾蜍

蟾蜍俗称癞蛤蟆,属两栖纲蟾蜍科,是蜜蜂夏季的主要敌害之一。

1.**习性** 蟾蜍隐藏在草丛中或箱底,昼伏夜出,守着巢门吞食蜜蜂。

2.**为害诊断** 根据形态判断。每只蟾蜍一晚上能吃掉100只以上的蜜蜂。

3.**综合防治** 铲除蜂场周围的杂草,垫高蜂箱或将蜂箱置于箱架上,黄昏或傍晚到箱前查看,尤其是阴雨天气,用捕虫网捕捉。

(四)其他敌害

1.**狗熊** 又名黑瞎子,它能搬走(或推翻)蜂箱,攫取蜂蜜。预防方法是养狗放哨,放炮撵走。

2.**宽带鹿花金龟** 主要为害中蜂。攀附巢脾,吸食蜂蜜,造成巢脾坑洼不平,扰乱蜂群生活秩序。蜜蜂将其团团包围,使其窒息死亡,同时大量蜜蜂也因缺氧牺牲(图9-40)。预防方法是控制巢门高度,防止害虫进入;清除蜂场杂草。

图9-40 金龟甲的为害

3.**三斑赛蜂麻蝇** 又称肉蝇、蜂麻蝇,是一种内寄生蝇,多为害中蜂,也为害意蜂,重庆、河南都有发生,风调雨顺年景严重。夏季,雌蝇在采集蜂体上产下卵虫,幼虫钻入蜜蜂体内,取食淋巴和肌肉。受害蜜蜂体色变淡、飞翔无力,行动迟缓,最后在痉挛、颤抖中死去。捕捉疑似病蜂,打开胸腔,看到麦粒样的麻蝇幼虫即可确诊(图9-41)。

图9-41 三斑赛蜂麻蝇幼虫

在箱盖上放置水盆诱杀成虫,将蜜蜂抖落箱外,隔离病蜂,集中焚烧消灭幼虫。蜂场硬化或多洒生石灰,恶化蝇蛹生长环境。

第四节　蜜蜂毒害的预防

毒害蜜蜂有自然和人为因素，可分为植物毒害、化学物质毒害和环境毒害三种。

一、植物毒害

植物毒害包括有害花蜜、花粉、甘露、蜜露等。

（一）蜜粉源植物花蜜、花粉有害

植物花蜜或花粉中某些成分超量，蜜蜂食用后发生不适现象。主要有油茶、茶树、枣树等蜜粉源植物。

1.**茶花蜜中毒**　茶树是我国南方广泛种植的重要经济作物。开花期9~12月，流蜜量较大，花粉丰富且经济价值高，有利于蜂王浆生产。

（1）诊断：幼虫腐烂，群势下降。

（2）防治：在茶花期，每隔1~2天给蜂群饲喂1∶1的糖水。

2.**油茶花中毒**　油茶是我国南方各地种植的重要油料作物。开花期9~11月。

（1）诊断：成年蜂采集花蜜后腹部膨胀，无法飞行，直至死亡；幼虫食用油茶花蜜后表现为烂子。

（2）防治：每天饲喂1∶1糖水，尽早撤离油茶场地。

3.**枣花蜜中毒**　枣是我国重要果树之一，也是北方夏季主要蜜源植物。5~6月开花，花蜜多，花粉少。枣花蜜浓度高，含K、生物碱，以及蜂群缺粉、高温和蛋白质食物中含有尘埃，是引起蜜蜂死亡和群势下降的原因。

（1）诊断：工蜂腹胀，失去飞翔能力，只能在箱外作跳跃式爬行；死蜂呈伸吻勾腹状，踩上去有轻微的噼啪爆炸声。蜂群群势下降。

（2）防治：放蜂场地通风，并有树林遮阳。采蜜期间，做好蜂群的防暑降温工作，一早一晚清扫场地并洒水，扩大巢门，蜂场设饲水器。保持巢内花粉充足，可以减轻发病。

（二）植物甘露、昆虫蜜露毒害

在外界蜜粉源缺乏时，蜜蜂采集某些植物幼叶嫩枝分泌的甘露，或蚜虫、介壳虫分泌的蜜露（图9-42），引起消化不良而死亡。

（1）诊断：成年蜜蜂腹部膨大，无力飞翔，拉出消化道可见：蜜囊膨胀，中肠环纹消失，后肠有黑色积液。严重时，幼蜂、幼虫和蜂王也会中毒死亡。

（2）防治：选择蜜粉源丰富、优良的场地放蜂，保持蜂群食物充足。一旦蜜蜂采集了松柏等甘露或蜜露，要及时清理，给蜂群补喂含有复合维生素 B 或酵母的糖浆，并转移蜂场。

图 9-42　介壳虫分泌的蜜露

越冬前发现甘露蜜，又无法清理巢脾时，需采取多喂糖浆、及早转到南方繁殖等措施。

（三）有毒植物蜜粉源

我国常见的有毒蜜粉源植物有藜芦、苦皮藤、喜树、博落回（图 9-43）、曼陀罗、毛茛、乌头、白头翁、羊踯躅、杜鹃等，这些植物的花粉或花蜜含有对蜜蜂有害的生物碱、糖苷、毒蛋白、多肽、胺类、多糖、草酸盐等物质，蜜蜂采集后，受这些毒物的作用而生病。

1.诊断　因花蜜而中毒的多是采集蜂，中毒初期，蜜蜂兴奋，逐渐进入抑制状态，行动呆滞，身体麻痹，吻伸出；中毒后期，蜜蜂在箱内、场地艰难爬行，直到死亡。

图 9-43　博落回的花穗

因花粉而中毒的多为幼蜂，其腹部膨大，中、后肠充满黄色花粉糊，并失去飞行能力，落在箱底或爬出箱外死亡；花粉中毒严重时，幼虫滚出巢房而毙命，或烂死在巢房内，虫体呈灰白色。可通过鉴定花粉而判定是哪种有害植物引起。

2.防治　选择没有或少有毒蜜粉源（2千米内）的场地放蜂，或根据蜜粉源特点，采取早退场、晚进场等办法，避开有毒蜜粉源的毒害。如在秦岭山区白刺花场地放蜂，早退场可有效防止蜜蜂因苦皮藤中毒。

发现蜜蜂因蜜、粉中毒后，首先应及时从发病群中取出花蜜或花粉脾，并喂给酸饲料（如在糖水中加食醋、柠檬酸，或用生姜25克＋水500克，生姜水煮沸后再加

250 克白糖喂蜂）。若确定花粉中毒，加强脱粉可减轻症状。其次是如中毒严重或该场地没有太大价值时，应权衡利弊，及时转场。

二、化学物质毒害

（一）农药

蜜蜂农药中毒主要是在采集果树和蔬菜等人工种植植物的花蜜、花粉时发生，如我国南方的柑橘、荔枝、龙眼，北方的枣树、杏树、西瓜等，每年都造成大量蜜蜂死亡；城市园林绿化防治害虫（图 9-44~ 图 9-46），尤其是全国性飞机防治美国白蛾，给所在地养蜂造成很大威胁（图 9-47）。另外，我国主要蜜粉源——油菜、枣等，由于催化剂和除草剂的应用，应驱避蜜蜂采集，或蜜蜂采集后，造成蜂群停止繁殖，破坏蜜蜂正常的生理机能而发生毒害作用（图 9-48）。

图 9-44　一群可爱的小蜜蜂
（高景林　摄）

图 9-45　2012 年夏天死于
河南科技学院校园，打药（1）

图 9-46　2012 年夏天死于河南科技
学院校园，打药（2）

图 9-47　农药毒源之一
（引自　网络）

图9-48 油菜花期农药中毒
（安传远 摄）

1.**诊断** 农药中毒的主要是外勤蜂。成年工蜂中毒后，在蜂箱前乱飞，追蜇人畜，蜂群很凶；旋转落地的工蜂，肢体麻痹，翻滚抽搐，打转、爬行，无力飞翔。最后，两翅张开，腹部勾曲，吻伸出而死亡，有些死蜂还携带有蜂花粉团；严重时在短时间内蜂箱前或蜂箱内可见大量的死蜂，全场蜂群都如此，而且群势越强死亡越多。当外勤蜂中毒较轻而将受农药污染的食物带回蜂巢后，造成部分幼虫中毒而剧烈抽搐并滚出巢房；有一些幼虫能生长羽化，但出房后残翅或无翅，体重变轻。当发现上述现象时，根据对花期特点和种植管理方式的了解，即可判定是否农药中毒。

除草剂造成蜜蜂慢性中毒，蜂群逐渐下降，结合场地及周围枯草即可断定。

2.**防治** 除草剂造成的蜜蜂中毒，须及时撤离。其他农药造成的蜜蜂中毒，根据情况决定是否搬离蜂场，还要做好以下处置工作。

（1）预防：养蜂者和种植者须密切合作，尽量做到花期不喷药，或在花前预防、花后补治。必须在花期喷药的，提前3天通知，做好隔离工作；优选施药方式、药物类型，减轻伤害。

（2）急救措施：

1）若只是外勤蜂中毒，及时撤离施药区即可。若有幼虫发生中毒，则须摇出受污染的饲料，清洗受污染的巢脾。

2）给中毒的蜂群饲喂1∶1的糖浆或甘草糖浆。对于确知有机磷农药中毒的蜂群，应及时配制0.1%~0.2%的解磷定溶液，或用0.05%~0.1%的硫酸阿托品喷脾解毒。对有机磷或有机氯农药中毒，也可在20%的糖水中加入0.1%食用碱喂蜂解毒。

（3）蜂群处置：受害严重的蜂群，及时撤离有毒场地，取出含毒食物、受害子脾，保持蜂多于脾，预防蜂螨，从头开始繁殖。

（二）兽药

1.**诊断** 在使用杀螨剂防治大蜂螨时，用药过量（如绝螨精二号、甲酸等），在施药2小时后，幼蜂便从箱中爬出，在箱前乱爬，直到死亡为止。有些螨扑，使幼蜂爬蜂病时间达1周以上（图9-49）。

图9-49 蜜蜂因螨扑中毒在箱内死亡，
此外，蜜蜂连取食都停止了

在用升华硫抹子脾防治小蜂螨时，若药末掉进幼虫房内，则引起幼虫中毒死亡。

此外，养鸡场、养猪场用的添加剂对蜜蜂也有很大影响。

2. **防治** 蜂场要求远离鸡场、猪场。

严格按照说明配药，使用定量喷雾器施药。或先试治几群，按最大的防效、最小的用药量防治蜂病。

防治蜂病用药，须在蜜蜂能安全飞行的下午5时以前进行。

（三）激素

主要有生长素、坐果素等。目前对养蜂生产威胁最大的是农民对枣树花、油菜花喷洒赤霉素。

1. **诊断** 蜜蜂采集后，便引起幼虫死亡，蜂王停产直至死亡，工蜂寿命缩短，并减少甚至停止采集活动。

2. **防治** 更换蜂王，离开喷洒此药的蜜粉源场地。

在习惯施药的蜜粉源场地放蜂，蜂场距离蜜粉源300米为宜。若花期大面积喷施对蜜蜂高毒的农药，应及时搬走蜂群。如果无法撤离，将蜂群码垛，用保温罩覆盖，保持环境黑暗、通风降温，但最长不超过3天；或者在蜂群巢门口连续洒水，减少蜜蜂出勤。

三、环境毒害

在工业区（如化工厂、水泥厂、电厂、铝厂、药厂、冶炼厂等）附近，烟囱排出的气体中，有些含有氧化铝、二氧化硫、氟化物、砷化物、臭氧等有害物质，随着空气（风）飘散并沉积下来。这些有害物质，一方面直接毒害蜜蜂，造成蜜蜂死亡或寿命缩短；另一方面沉积在花上，被蜜蜂采集后影响蜜蜂健康和幼虫的生长发育，还对植物的生长和蜂产品质量产生威胁（图9-50，图9-51）。

除工业区排出的有害气体外，其排出的污水也时刻威胁着蜜蜂的安全。近些年来的"爬蜂病"，污水就是其主要发病原因之一。荆条花期，水泥厂排出的粉尘是附近蜂群群势下降的原因之一。毒气中毒以工业区内及其排烟的顺（下）风向受害最重，污水中毒以城市周边或城中为甚。

图9-50　环境毒害

图9-51　污浊的空气

有些矿区，散落的矿渣也会对蜂群繁殖、蜜蜂寿命造成为害。

由环境毒害造成群势下降，严重者全场覆没，而且无药可治。

1.诊断　环境毒害，造成蜂巢内有卵无虫、爬蜂，蜜蜂疲惫不堪，群势下降，用药无效。

因污水、毒气造成的蜜蜂中毒现象，雨水多的年份轻，干旱年份重，并受季风的影响，在污染源的下风向受害重，甚至数十千米的地方也难逃其害。只要污染源存在，就会一直对该范围内的蜜蜂造成毒害。

2.防治　发现蜜蜂因有害气体而中毒，首先清除巢内饲料后喂给糖水，然后转移蜂场。

如果是污水中毒，应及时在箱内喂水或巢门喂水，在落场时，做好蜜蜂饮水工作。

由环境污染对蜜蜂造成毒害有时是隐性的，且是不可挽救的。因此，选择具有优良环境的场地放蜂，是避免环境毒害的唯一办法，同时也是生产无公害蜂产品的首要措施。